生命如茶　生活如茶

时光如水　岁月如水

浓浓淡淡　冷冷热热

身安为康　心怡为乐

家和为睦　国安为宁

人生百味　平安是福

茶生活

王金玲　著

清华大学出版社

北京

图书在版编目(CIP)数据

茶生活/王金玲著. —北京：清华大学出版社，2019

ISBN 978-7-302-52036-8

Ⅰ.①茶… Ⅱ.①王… Ⅲ.①武夷山—茶叶—介绍 Ⅳ.①TS272.5

中国版本图书馆CIP数据核字(2019)第009040号

责任编辑：温　洁
装帧设计：常雪影
责任校对：周剑云
责任印制：杨　艳
出版发行：清华大学出版社
　　　　　网　　址：http://www.tup.com.cn, http://www.wqbook.com
　　　　　地　　址：北京清华大学学研大厦A座　　　　　邮　　编：100084
　　　　　社 总 机：010-62770175　　　　　　　　　　邮　　购：010-62786544
　　　　　投稿与读者服务：010-62776969, c-service@tup.tsinghua.edu.cn
　　　　　质量反馈：010-62772015, zhiliang@tup.tsinghua.edu.cn
印 装 者：北京亿浓世纪彩色印刷有限公司
经　　销：全国新华书店
开　　本：145mm×210mm　　印　张：9.25　　字　数：74千字
版　　次：2019年5月第1版　　印　次：2019年5月第1次印刷
定　　价：39.00元

产品编号：068256-01

序

何为茶生活？

茶生活是有茶相伴的生活；茶生活是与茶相乐的生活；茶生活是茶人两相宜的生活；茶生活是日常生活，茶生活是平常生活。

由此，茶生活的内容为识茶、知茶、喝茶、论茶、悟茶，以茶为师，学习如何生活；以茶为径，走向生命的快乐。

茶生活的宗旨是以茶生活为核心，以个人—家庭—社会为三大层面，以身体—心理—社会适应为三大维度，全面改善和促进人的健康，实现身体安康、心情安乐、家庭安好、社会安宁之"四安"。

茶生活的目标是健康身体、愉悦心情、和睦家庭、和谐社会。

本书以"趣茶·茶趣""说茶·茶说""思茶·茶思""悟茶·茶悟"四章，记录茶带给我的乐趣和感受，所引发的思考和领悟；记录了茶与我、我与茶的相遇、相识、相知、相宜、相乐。其中，"趣茶·茶趣"记录了我在茶中所获得的乐趣，以及我所遇到的那些有趣的茶；"说茶·茶说"记录了我对茶的体验、感受和认知；"思茶·茶思"记录了我因茶引发的对人生和社会的思考，以及我

茶生活

对茶的思念和思考；"悟茶·茶悟"记录了我在茶的启发下，对人生和社会的领悟，以及对茶的感悟和领悟。

当然，这只是一种个人感受与私人体验、个人经历和私人感悟，由此加以记录并出版，只是希望能吸引更多的人进入茶生活，享受茶生活。

后现代社会强调个人的即是社会的，私人的即是公共的，在全球化的大背景下，我甚至认为个人的即是全球的。也就是说，个人的经历、经验与知识是全社会的经历、经验和知识的组成部分，私人的经历、经验和知识可成为社会成员共同的经历、经验和知识的组成部分。因而，个人的即是社会的，私人的即是公共的，而在全球化时代，个人的经历、经验和知识，也就必然是跨越国界，成为全球性的了。在这一语境下，本书所特有的个人、私人茶生活记录的性质，也就有了社会的、公共的意义，甚至还具有了某种世界性意义，成为当代中国社会中民众日常生活的真实记录，这也是有关在全球化和现代化浪潮的夹击下，一个国家的民众——中国民众如何守护和传承本民族传统的生活方式和本土传统文化并加以发扬光大的历史记载。

希望以此，能对有关中国社会的考察与研究，能对世界知识体系中"中国话语"的建构与发展，起到一点添砖加瓦的作用。

前言

　　本书所说的茶，指的是一种被命名为"茶"的植物的叶子和这些叶子的制品，以及这些制品用水沏泡后形成的饮品——茶水或茶汤。之所以要将这一饮品分别称之为茶水与茶汤，是因为这两者的不尽相同，也在于这两者的各有其妙，这一各有不同与各有其妙，书中将专门讲述。

　　今天的中国，茶是一个很宽泛的概念，它包括一切冠名为"茶"的植物的叶子及相关的制品与饮品，如龙井茶、武夷岩茶、铁观音、白茶、普洱茶、黑茶；用茶叶与其他辅料一起制作的产品与饮品，如用茉莉花窨制的茉莉花茶、用牛奶制作的奶茶；含茶叶的产品或饮品，如茶叶与红枣、桂圆、枸杞、菊花、芝麻、核桃仁、冰糖（常用配料）配在一起而成的"八宝茶"；乃至无茶叶或非茶叶制成、用于冲饮的制品或饮品，如玫瑰花茶、水果茶、大麦茶、西洋参茶及治疗风寒感冒的中药，如"午时茶"等。

　　茶之概念的如此宽泛，足以表明茶的包容和渗透之宽广和深远，但也难免令人喝茶不精与不专，茶叶之本味与茶之本义便被消解了，

茶 生活

茶的独特的精妙之处便被遮蔽了。在今天不少中国人心中，茶和纯茶饮品作为一种植物叶子的概念甚至已被淡忘，乃至遗忘。

对茶一字的一种解释是：人在草木中，茶是一种自然；神农尝百草得茶，以医民患，茶是一种精神；文人七件事——琴棋书画诗酒茶，茶是一种文化。以茶会友，客来敬茶，人走茶凉，茶是一种社会世态；常人开门七件事——柴米油盐酱醋茶，茶是一种生活。

自然，是生活的母体；精神，是生活的支柱；文化，是生活的意义化；社会，是个体的凝集；生活，是人生的本义。于是，茶就成为一位大自然的使者，穿行在大自然与人之间；成为一位精神的使者，穿行在精神与物质之间；成为一位文化的使者，穿行在脱俗与世俗之间；成为一位社会的使者，穿行在个体与个体、个体与群体之间；成为一位生活的使者，穿行在人生的方方面面，将世界和生命沟通、联结乃至融合在一起。

茶，构建了我们的生活——中国人的生活；茶，成全了我们的生活——中国人的生活。从某种意义上讲，我们的生活——中国人的生活也可以说是一种茶生活。认识了茶，也就认识了生活；品味着茶，也是品味着生活；懂得茶，也能懂得生活；悟出茶之道，也可以悟出生活之道。人们从识茶、知茶、品茶、思茶、悟茶进而知晓生活、了解生活、思考生活、感悟生活，从而健康身心、快乐生活、和睦家庭、和谐社会，这便是本书的宗旨所在。

目录

第一章　趣茶·茶趣 ＼ 1

茶趣·趣茶 ＼ 1

水是茶之魂 ＼ 8

三个"有点"喝岩茶 ＼ 16

岩茶画 ＼ 22

茶　宠 ＼ 26

岩茶十件 ＼ 30

老茶与陈茶 ＼ 34

正山堂红茶 ＼ 42

我记忆中的那些铁观音茶 ＼ 44

有一种普洱是茶膏 ＼ 47

白茶：寒性的随和 ＼ 50

鲜柔的黄茶 ＼ 55

茉莉花茶 ＼ 58

当西湖龙井茶进入菜谱 ＼ 61

茶生活

防风茶　\　64

黑茶：远在他乡的漂泊　\　67

妙趣无穷的少数民族茶饮　\　71

笑意盈盈外国茶　\　75

第二章　说茶·茶说　\　83

茶说·说茶　\　83

安吉白茶：白娘子传奇　\　86

越玉兰香茶：松林秋阳　\　90

武夷星·醉海棠：诗意生活　\　93

其云·手工朝阳：奢靡十里洋场夜上海　\　96

幔亭·肉桂：兄弟之情　\　99

青狮岩·老枞水仙：陌上花开　\　102

大坑口·牛栏坑肉桂：牵手　\　107

天沐·老树梅占：春梅报喜　\　113

正山堂·正山小种野茶：红茶非红尘　\　116

曦瓜三款：从小爱到大爱　\　119

天心寺·白鸡冠：鲜活的生命　\　124

石丐石乳：桂子飘香，与君同乐　\　126

金油滴：英雄　\　130

名款·雀舌：俏丫环　\　136

玉女剑：侠女柔情　\　138

第三章　思茶·茶思　\　141

　　茶思·思茶　\　141

　　空谷幽兰　\　146

　　天心禅寺大红袍　\　149

　　瑞泉号：老顽童　\　153

　　宽庐之水仙岩茶：儒将　\　156

　　白芽奇兰　\　159

　　漳平水仙　\　162

　　竹叶青（品味）　\　166

　　正山堂·金骏眉　\　169

　　中国梦　\　173

　　老朱婆　\　176

　　玉女袍·木箱陈茶　\　181

　　四大名枞　\　184

　　女性主义者论喝茶　\　191

　　茶研究应具备的三个重要视角　\　197

　　当社会学家在一起喝茶　\　203

第四章　悟茶·茶悟　\　209

　　茶悟·悟茶　\　209

　　吃茶去　\　214

　　金佛　\　219

　　牛首　\　222

老寿星 \ 225

走马楼·老枞 \ 228

50 年陈茶大红袍 \ 232

瑞泉·300 年老枞水仙 \ 234

福州茉莉花茶 \ 238

酥油茶 \ 242

武夷岩茶之泡茶技与道 \ 247

在武夷岩茶制作工艺传承人处喝岩茶 \ 257

岩茶的一生 \ 266

喝茶七境界 \ 271

茶：生活文化化，文化生活化 \ 273

附录　中国社会学会生活方式研究
　　　专业委员会茶生活论坛简介 \ 279

后　记 \ 281

第一章

趣茶·茶趣

茶趣·趣茶

茶，是一种有趣之物。

作为一种植物，茶树可以是高约十几米的乔木，如云南普洱地区的野生大茶树，高耸入云，让人叹为观止；也可以是矮约几十厘米的灌木，如浙江的龙井茶树，高度不及采茶女的腰部，低头弯腰是采茶的常态姿势。它可以长在平原、丘陵，如江南地区常见的成片的茶园，绿叶葱葱，一望无际；也可以长在高山，如中国台湾的冻顶乌龙，乃至生在悬崖峭壁上。据说在古代，巴国（今四川、重庆一带）产一种茶，是由专门训练的猴子爬上长在悬崖上的茶树采摘而来的青叶制成，只是现在早已失传了。茶树可以是群生的，如人工栽培种植的茶园，茶树挤挤挨挨，欢聚成一景；也可以是独居的，如武夷山那棵著名的母树大红袍，孤傲地独立于世。

作为一种人工制品，茶叶叶片既可以是扁扁平平的。如龙井，如六安瓜片，扁扁平平，如同一张张岁月的书签；也可以是细细长长的，如君山银针，细细长长，令人联想到母亲手中的缝衣针，还有"慈母手中线，游子身上衣"的诗句；还可以是螺髻状的，如苏州洞庭山的碧螺春，犹如一位古代梳着绿绿螺髻的童子含笑走来；更可以似工艺品，如安溪铁观音，"形如观音重如铁"，如嵊县珠茶，"大珠小珠落玉盘"。珠茶是一种圆炒青的圆珠形绿茶，是浙江的特产茶，以嵊县的珠茶为最佳。墨绿色的珠茶，有一种玉质的光润，如碧玉一般。儿时见到珠茶，就会有一种冲动，很想把它们颗颗串起，做成一串项链，戴在脖子上，四处炫耀。只是珠茶的干燥紧致让这一冲动始终停留在了"想"的阶段。

作为一种可食之物，茶可以冲泡成饮品，而这一饮品在中国的普遍化、日常化和悠久历史，也使得茶具有了"国饮"的美誉；茶可以作为一种药品，用以治疗疾病。神农尝百草所得到的茶，原本

就是一味药，其基本功效就是生津止渴、清热解毒、疏肝明目。而全发酵型的茶，如红茶、黑茶，以及半发酵的青茶中的武夷岩茶的陈茶和微发酵的福鼎白茶中的老白茶，还具有暖胃解痉的功效；茶可以是茶菜，如绿茶太极羹之类的茶羹汤，以及香炸云雾茶、祁红烧鸭之类的冷盘热炒。茶菜中最著名的当属龙井虾仁，碧绿的龙井嫩芽茶夹在晶莹剔透的河虾仁中，色香味俱全，是杭州的一道传统名菜，也已上了国宴的菜单；茶也可以是茶食，比如抹茶蛋糕、茶香瓜子、茶香豆腐干、茶冰淇淋等等。在茶食中，我最喜欢的是自制的茶叶蛋。将冲泡过的茶叶与鸡蛋一并烧煮，待鸡蛋熟后敲碎蛋壳，加盐，再煮两小时左右，即可食用。而煮的时间越长，茶叶蛋越香、越鲜美，蛋白越有弹性。茶叶蛋的烹煮要点，一是除盐和茶叶之外不加其他任何佐料和香料；二是敲碎蛋壳；三是煮的时间越长越美味。随意而敲的蛋壳纹在蛋白上留下的花纹也大有不同，有的如花般开放，有的如日光四射，有的如几何图形，有的如难解之天书。而不同的茶叶使得茶叶蛋有着不同的茶香和不同色泽的花纹，比如清香淡雅的龙井茶叶蛋，浓香重墨的武夷岩茶茶叶蛋，兰香褐色的铁观音茶叶蛋。就我自己而言，最喜欢的是武夷岩茶茶叶蛋，它的香型多异，使得茶叶蛋散发出不同的香味，尤其是老枞水仙有着清新悠长的雨后林中青苔味，令人难忘。而蛋白上浓墨重彩般的图案，更使得一枚茶叶蛋如同一件工艺品，令人爱不释手地加以观赏，不忍下口。这一煮茶叶蛋之法是我外婆家的秘方，经我外婆传给我母亲，我母亲再传给我。我曾将此法口授多人，所得反馈皆佳。在此以文字公布，希望更多的人得此茶乐，得此口福。

茶生活

作为一种供人类消费的产品，茶叶的整体形态，可以如开化龙顶、台湾乌龙茶般的散茶，颇像以独立的个体构建的西方社会；可以是云南沱茶那样的压制茶。蒸制过的片片茶叶被紧紧地压制在一起成窝窝头状，如同一个个密切相联的人，命运相关的家族。望着装在罐子中的沱茶，不免令人想起某位思想家对小农社会农民的评价：装在麻袋里的土豆；可以是如陕西茯砖茶那样的块状茶，有方形的，也有长方形的。2016 年 6 月，我到西安参加一个会议，想买些陕西特色茶，有人介绍了陕西产的茯砖茶。该茶是由来自湖南安化的黑茶在陕西再加工而成，其茶味是安化黑茶，而未喝出陕西的特色。只是该茶砖为长方形，以金色的铜版纸包装，半斤茯砖茶一包，拿在手上，就有了一种沉甸甸的金砖的感觉，一下子就觉得自己很"土豪"了，不由得暗自发笑。茶叶可以是如普洱七子茶饼那样的饼茶。在宋代，福建建瓯的龙团凤饼是茶中最佳，被列为贡品。至今建瓯仍留有宋代御茶苑遗址。在今天，最常见的饼茶则是云南普洱茶饼了。可以是如安化黑茶那样的筒茶。由竹篾包装的紧致的黑茶筒长度小的为十几厘米，大的为几十厘米至数米。我见过的最大的有 2 米多高，一抱之粗，结结实实地树在店门口两侧，如同两位保镖。

茶是一种有趣之物，所以，品茶也是一件有趣之事。

品茶，有时像在欣赏艺术大师的器乐歌舞表演。如铁观音或武夷岩茶，在醒茶时，干燥紧致的叶片碰到瓷制的盖杯，便会发出"呛啷"之声，当呛啷声连成一片时，听者便进入了琵琶古曲《十面埋伏》的意境。将沸水冲入盛铁观音或武夷岩茶的盖杯中，干燥紧致的叶片被浸润着，慢慢展开原本蜷缩的叶片，碰到盖杯内壁便发出"铮"的一声，有的悠长，有的短促；有的清脆，有的圆润；有的高亢，有的低吟……在高潮时，"铮"声连成一片，犹如一部交响乐。随着叶片的逐渐全部润泽，"铮"声渐行渐消。一曲终了，归于宁静。在玻璃长杯中冲泡龙井茶则是另一番景象。将摄氏 90 度左右的开水注入盛着龙井茶的玻璃长杯中，龙井茶叶片就开始翻飞起舞。当开水不再注入，叶片仍像芭蕾舞演员在舞台上轻舞飞扬，一会儿上升，一会儿下沉，一会儿旋转，舞到兴起时，令人眼花缭乱。直到舞累了，轻轻地飘落杯底，聚成一片青春的绿色。所以，我常说，听铁观音和武夷岩茶唱歌拨弦，看龙井茶跳舞凝翠。

品茶，真是一种艺术化的生活！

品茶，有时像进入一个妙不可言的世界。这个世界是任人穿越的：喝着安吉的茶，如同漫步在江南淅淅春雨的清新中，翠竹新绿，烟柳朦胧，茶香和着春笋的鲜味；喝着正山小种红茶，如同坐在闽西好客的农家冬日暖暖的小院里，先尝一盘桂圆干，果香扑鼻；再来一杯蜂蜜水，甘香浓郁；最后是一大碗煮熟的番薯，厚纯悠长；喝着凤凰单枞，如同游走在亚热带夏花繁盛的花园中，馥郁的花香夹着阵阵热风将人绵绵地包裹于其中；喝着陈年普洱，一下子又幻化成旧时的一个赶马人，引着驮着茶叶的马帮，叮当叮当地行走在茶马古道上。这个世界是奇妙的：可以在杯中看历史，可以在盏中

茶 生活

尝现实；可以在盅中察人心，可以在碗中知自然。所谓戏中人生短，壶中日月长，这"壶"当是包括了茶壶吧！最喜欢杯盏中观茶景，有森林密密，有绿草茵茵；有春水微澜，有秋阳夕照；有少女漫舞，有老僧禅定；有鹅黄可人，有墨玉温润；有凤凰展翅，有繁花似锦。2006 年在洞庭湖游玩时，我购得一款标着"岳阳特产"的荔枝茶。该茶的基茶据说是君山黄茶，但不似一般的黄茶是散装形，而是扎成花形，且这一扎花又不似黄山绿牡丹之类的扎花，纯粹用茶叶扎成，而是当中夹着红色花瓣，外包茶叶扎成荔枝形状。将荔枝茶放入茶碗中，当开水冲入时，碗底便盛开出一大朵镶着绿叶的红花，像极了湘绣，极俗、极艳，活脱脱像一位火辣辣的湘西妹子，不知怎地越过了九十九道山路，一下子生灵活现地跳到了我的面前。这使我终于明白了什么叫大俗即大雅，大雅即大俗。

品茶，真是一种奇妙的生活！

品茶，有时会被卷入奇幻的漩涡之中。普洱膏茶、龙珠茶的出场，打破了人们对茶叶的常识，开始不知何为"茶"；知道了东方美人茶的茶韵来自何方，会让人不知该感谢还是讨厌那种据说叫做"蚜"的小虫子。武夷岩茶的茶汤是水，但入喉如"骨鲠在喉"，柔柔的汤水有着硬硬的骨感，且有的喝后会有饥饿感，被戏称为"消食"；有的人茶水喝后，饱腹感与"消食"带来的饥饿感夹在一起，无比怪异；有的人喝后却只有饱腹感，不食中餐或晚餐也无饥饿感，似乎达到了香港电影中那句著名的台词："有爱饮水饱"的境界。事实上，在我喝过的茶中，武夷岩茶茶味最为奇特。鬼洞肉桂带着岩石的冷冽；白鸡冠有着河蟹的鲜味和腥味；老枞水仙喝到最后，汤水满是粽叶香与甘蔗甜……2012年元旦，我首次去武夷山喝岩茶，茶友拿来一泡茶，说是水蜜桃香岩茶。在我的百般不信中，友人开始冲泡，刹那间，奉化水蜜桃的香味弥漫整个房间，让人坠入七月的桃林之中。低头望去，那只是一盏茶汤，一盏黄棕色的武夷岩茶茶汤。

品茶，真是一种奇幻化的生活！

它是安化黑茶，灯下娓娓道着一生的春草夏花，秋雨冬雪；它是洞庭山碧螺春，嬉戏在绿草飞莺的四月天；它是黄山猴魁，如雄壮而柔和的暖男；它是六安瓜片，似外柔内刚的宫中妃子；它是福鼎白茶，寒冬中送来无尽的柔暖；它是德清防风茶，揭开一页"为尊者讳"的历史，让人窥见被遮蔽的真相……茶，真是有趣；品茶，真是有趣！

古人对这一"有趣"已有诸多的描述，其中最著名的当属唐代诗人卢仝的《七碗茶歌》（又名《走笔谢孟谏议寄新茶》）："一碗喉吻润，二碗破孤闷，三碗搜枯肠，惟有文字五千卷。四碗发轻汗，平生不平事，尽向毛孔散。五碗肌骨清，六碗通仙灵。七碗吃不得也，唯觉两腋习习清风生。"看来，无论社会有多大的变迁，环境有多大的改变，茶之乐趣始终存在于国人的生活之中，穿行在国人的生活之中。

趣茶，茶趣，给我们的生活添乐增趣，让我们的生活快乐多多，趣味无限。

茶生活

水是茶之魂

　　相较于一些茶人所说的"水是茶之母"，我更认为水是茶之魂。茶韵并非孕育于水中，生长于水中，而是水给予了茶生命的灵魂，使之从"无情的草木"转型为有灵魂的生命体。

　　水对茶的影响是贯穿于茶的一生的。而就茶产品而言，水对茶的影响至少体现在以下三个方面。首先，当然是水品。早在唐代，张又新的《煎茶水记》、陆羽的《茶经》中就有对他人或自己鉴水试茶后的评判，并将试茶的天下之水分成高低不同的等级。而一般认为，水源流动、洁净、水色清爽、水质轻软、水味甘甜，即活、洁、清、轻、甘的水为适合沏泡茶的好水。那么，好水何来？古人认为，清、轻、甘、洁、活的山泉水为上品；虽活但混入了较多杂质，不甘不清不洁的江河湖水次之；虽有甘甜味但活力较低，渗入味道杂陈的井水又次之。而古典小说中，也有闺中小姐集露水，文人集雨水，僧尼集雪化水用以沏泡茶的诸多描述。

　　我尚无以露、雨、雪之类"无根水"沏泡茶的经验，也尚无品尝过"无根水"茶水茶汤的经历。近几十年来，环境污染造成地理环境和气候条件的巨大变化，古人评水的标准虽仍可用，择水的标准却是有较大的变化，且水的来源也扩展了许多，如自来水厂的自来水，以及如纯净水之类的加工水。从我的体验看，一是以水品论，流动的山中水，包括山泉水、山溪水、山涧水、山塘水等为最好，大多水质多多少少具备活洁清软甘的特质。大城市氯气味颇重的自来水最差，茶的色香味均荡然无存。二是南方的水较轻软，北方的水较重硬，因此，南方的水更适合沏泡茶。三是用当地的水沏泡当地的茶，能获得最好的茶味。古时就有"蒙山顶上茶，扬子江心水"之说，"龙井茶虎跑水"至今仍是最佳茶水的伴侣。而用武夷山溪水冲泡的武夷岩茶、正山小种红茶的茶味是其他任何水源的水都难以企及的。四是不同的茶品适应于不同的水，或者反过来说，不同的水适用于不同的茶品。比如，矿物质含量较高的虎跑水是龙井茶的绝配，但若冲泡武夷岩茶，会使之降低香味和回甘，甚至产生异味。五是在所有的茶品中，微量元素和矿物质含量最高的武夷岩茶是对水的要求最高的茶品。它排斥矿泉水，因为过多的矿物质含量会干扰甚至改变它原有的茶性；它排斥纯净水，蒸馏水之类的加工水，因为这类水缺乏使它发挥茶性的活力；它排斥酸碱度（pH 值）低于 6，高于 8 的水，因为酸碱度过高或过低，都不利于茶性的发挥，异化原有的茶性。在得不到武夷山中水的情况下，我遇到的最好的替代品是来自长白山的"泉阳泉"瓶装水，其次是水源地是浙江千岛湖的"农夫山泉"加工水,之所以强调其水源必须是浙江千岛湖,是因为这一水源地的农夫山泉的 p17H 值和矿物质含量,较有利于武夷岩茶茶性的发挥,除此之外的其他水源地的"农夫山泉"水产品,对武夷岩茶的茶性或多或少均有干扰乃至损伤。基于此,在找不到最佳水品时,我也会将来自千岛湖的"农夫山泉"作为"百搭水",沏泡所有的茶品。

有了水品较优的水,第二步就是以适当的方法煮水。要煮出合适的沏泡茶的用水,至少有三大要点。

一是燃料洁净、安全没有异味。任何不利健康、有异味的燃料,即使是香味也会破坏茶本身的香味,所以绝不可用。目前,绝大多数人用电炉(包括电磁炉,电热炉等)煮水沏泡茶。电炉煮水最大的两个好处是保证了水的无二次污染(燃料污染)和快捷,最大的不足之处是在煮的过程中,因缺乏与燃料的分子交流,水的活性度较低。古人云:"活水还得活火烹",而最佳的活火是硬木烧制成的木炭燃烧而成的炭火。只是如今硬木炭难求,炭炉难求,加上住房狭小恐二氧化碳肇事,室外恐危及公共安全,活火烹活水已是难求,退而求其次,且以电炉煮水罢了。

二是容器洁净、安全,没有异味。水是置于容器后在炉火上烹煮的,所以煮水容器的洁净安全无异味也十分重要,否则,煮水的过程中就会混入容器的异味。异味融入水中,即便是香味,也会破坏原有的茶性乃至茶韵。在我用过的煮水容器中,陶壶(包括白陶壶、黑陶壶、紫砂壶等)的土质对水的洁净功能较强,内含的微量元素较适宜茶性的发挥，而煮水时间较长，更能让人静下心来进行泡茶、品茶的器物准备和心理准备，煮出来的水更洁、净、软、静。此外，陶壶的保温性也较强，所以陶壶煮水最佳。瓦罐壶煮水的功效与陶壶不相上下。由于泥土制成的瓦罐壶煮水时间略长，煮出来的水有时会有一些土腥味，所以，总体而言，瓦罐壶次之。铁壶因富含铁分子，较之陶壶、瓦罐壶煮出来的水更软，且煮水速度也较快，但铁分子间的空隙小于陶土和泥土，所含微量元素少于陶壶和瓦罐壶、水的洁净功能和对岩茶茶性的催发性也低于陶壶和瓦罐壶，而煮水速度快的另一面就是有时难免心未静就品茶，难以品到茶之真味。所以，铁壶再次之。玻璃壶能保持水的原样，易于观察水的沸腾状况，所以玻璃壶更次之。不锈钢壶和铝壶中的金属分子易造成水质的硬化。水品好的软水也难免煮成水品差的硬水，此类壶煮出的水品最差。我也喝过用银壶煮水冲泡的茶汤。在所有的壶煮出的水中，银壶煮的水是最软的，但其也具有上述铁壶的诸多不足，且有奢靡浮华之嫌，与茶之质朴、自然、清静的本性相背离。所以，我认为银壶可偶尔玩之，而不可作为沏泡茶之常用器具。此外，煮水壶有时也会用来煮茶或煎茶，而就煮茶或煎茶而言，陶壶最佳，瓦罐壶次之，玻璃壶再次之。因茶叶对金属分子强烈的吸附性，用金属壶煮茶或煎茶，茶汤或多或少都会有一种金属的异味。比如铁壶的铁腥乃至铁锈味，破坏了茶之原味。所以，煮茶或煎茶最好不要用金属壶。事实上，从金、木、水、火、土五行关系看，木、水、土之间的亲缘性无疑远远高于金、木、水之间的亲缘性。所以，以土质容器煮水泡茶当更适合和适宜。当然，以上关于煮水、煮茶或煎茶容器的评论，只是源于我自己感受和体验的一得之见、管窥之见。此间录之，仅为一议。

要多说几句的是，近三十多年来，不少地方因环境污染，土壤对人的适用性大大降低；不少企业在加工铁壶或铜壶时，所用原料不是生铁或原铜，而是废铁废铜。用被污染的土或废金属制作的壶烧煮的食用水安全性低。因此，用1980年以前的老壶、旧壶烧煮食用水，当是更有利于健康的。

三是煮水的时间和沏泡茶的水温要恰当、合适。水煮沸时间过短，煮出的水谓之"嫩水"。嫩水中的水分子和微量元素未被激活，对茶性的催发力也就不足。水煮沸时间过长，煮出的水谓之"老水"。老水中的二氧化碳气体被大量挥发，会影响水的鲜爽性，而水中微量元素被过度激化后产生的水合作用，也会使水产生陈汤味，对茶味、茶香产生不利影响。一般来说，水在煮沸后30秒钟内沏泡茶最佳，最好不要用多次煮沸的水沏泡茶，无论是不发酵、微发酵、低发酵的白茶、黄茶和绿茶，还是中发酵、重发酵、重发酵加后发酵的青茶、红茶和黑茶，均如此。近年来，一些武夷岩茶发烧友倡导一次沸水只泡一道茶，新一道茶煮新一壶水，余水弃之不重复烧煮的煮水泡茶法，我将此称之为"一沸一道法"。以此法泡茶虽比较麻烦，但每道茶水均为新水，泡出的武夷岩茶之色、香、味确能达到最佳，也能让人更准确地体验到每道茶汤的变化之处，有兴趣者不妨一试。

　　由于茶性不同，在沏泡每一类茶时，所对应的水温也应不尽相同。一般而言，沏泡不发酵茶，如六安瓜片；低发酵茶，如西湖龙井、蒙顶黄芽；再加工绿茶，如茉莉花茶等，水温在摄氏 95-98 度为宜。而微发酵的白茶、中发酵的青茶、重发酵的红茶，重发酵加后发酵的黑茶等，水温在摄氏 100 度为宜。水温过低，难以激活和催发茶性，即所谓的"泡不开茶"；水温过高，会迅速固化茶叶中的活性成份，使茶叶失去原有的色、香、味，即所谓的"泡熟了茶"，去过西藏、青海的茶人，可能都有过在那里"好水好茶喝不出好茶味"的经历。甚至在甘肃兰州的山区，我也有过喝不到岩茶、铁观音原有茶之滋味，茶香淡薄的经历。经同行者几番探究，才发现我们所在的兰州山区的水沸点是摄氏 99 度，只差一度，就泡不开需摄氏 100 度沸水才能泡开的武夷岩茶和铁观音，使之失去原有的茶韵。而对于水的沸点在 98 度以下的西藏、青海等高原地区来说，"泡不开茶"更当是一种常态了。

　　在煮水之后接踵而来的就是茶之沏泡，即茶与水、水与茶的相互作用了。作为"好水好茶好味好韵"的扛鼎之举，沏泡方法是否适宜也是事关成败的关键之举。就喝茶而言，有"牛饮"和"细品"之分。"牛饮"为粗放型，以解渴为主，不讲究沏泡方法，可以两大把茶叶三大勺沸水冲泡成大碗茶，亦可以是一撮茶叶泡水喝一天。"细品"是精细型，以品评鉴赏为主，讲究以准确、适宜的方法最大化地显现好水好茶的品质和特性。所以，凡品茶者，均十分重视茶之沏泡。《现代汉语大词典》对"沏"释义为："用开水冲泡"；

对"泡"的释义为"长时间地放在液体中"。较之这一通用性的解释,在品茶的范畴内,从字形出发——"沏"为水切入,"泡"为水包围,我更愿意将"沏茶"解释为:以相应水温之水迅速淋冲(茶叶不浸于水中)或冲泡(茶叶浸于水中)茶叶。得到饮用的茶水后,茶叶不再与水接触,待再要品茗时,再次用所相应水温之水冲淋或冲泡。"泡茶"为让茶叶在一定时间内置于相应水温之水中,以获取饮用的茶水、茶汤,而"泡"又分为淋泡(细缓水流淋浇茶叶)、冲泡(粗急水流冲击茶叶)、浸泡(茶叶完全或不完全地浸没于水中,被水全包围或半包围)、煮泡(将茶叶置于冷水或温水、热水中煮沸)、煎泡(将茶叶置于冷水或温水、热水中,用小火慢慢煮沸并使水分逐渐挥发到一定的限度)等。不同的茶品适用于不同的沏泡方法。一般而言,绿茶、黄茶、花茶适宜沏泡,白茶、青茶、红茶适宜于淋泡和冲泡,黑茶适宜于煮泡;而同一茶品在品饮到一定程度后,也可使用不同的沏泡方法。最典型的就是一般的乌龙茶在四、五道水后,适宜于浸泡(俗称"坐杯")催发茶性。而好的武夷岩茶在浸泡之后,还可再煮泡,获得新的茶感。当然,煮泡已喝过的岩茶,注水最多是一道至二道水的水量。否则,茶味淡如水了。

"好水出好茶"的收官之举是品饮器皿。器皿的洁净、安全、适宜和茶水或茶汤量的合适也是品饮的重点。就品饮器皿而言,以材质论,有陶、瓷、竹、木、玻璃、金属等之分;以样式论,有杯、盏、碗、盅、壶等之分;以形制论,有方、圆、柱、斗笠、鼓、竹节、梅花等之分;以外部工艺论,有涂色与不涂色、单色彩与多色彩;

上釉与不上釉、单色釉与多色釉、白色釉与彩色釉等之分，如此等等，不一而足。人们会出于某种原因，为了某种目的而选择某一器皿。而不论何种选择，与水品、煮水燃料、容器一样，洁净、安全、无异味是选择品饮茶器皿的基本条件，否则，必然品尝不到茶应有的茶性或不利于健康。此外，注入器皿中的茶水或茶汤量也是有讲究的，一般以器皿的七分容量为最佳，少则难以品尝，多则难以端茶入口。对此，民间也有"七分茶，敬客茶；十分茶，送客茶"之说。当主人使客人难以端茶入口时，其送客之意当是不言自明了。

最后，必须强调的是：无论是煮水、沏泡还是品尝，环境和当事人自身的洁净、安全、无异物、无异味也是至关重要的，包括当事人需洗净脸、手等部位的化妆品，去除身上的化妆品气味，解除身上佩带的有气味的饰物，如沉香手串等。因为任何异物（如尘土、香烟灰、定妆粉、指甲油、口红等）、异味（如烟味、酒味、花味、除虫剂味、香水味、香烛味、烹调味等）若进入茶水或茶汤，喝茶就无异于喝杂烩水了。

在品茶范围内的水对茶的作用中，水品是基础，煮水是关键，沏泡是核心，品饮器皿是重点，环境和当事人是贯穿于始终的主干，五者的恰当与适宜，缺一不可。古人以"鉴水试茶"探讨水与茶的关系。事实上，反过来看，鉴水试茶的过程何尝不是"鉴茶试水"的过程？而就在鉴水试茶与鉴茶试水的过程中，茶结构和建设了我们的生活，品饮茶成为我们日常生活的一个重要内容。

三个"有点"喝岩茶

喝了三个月的武夷岩茶后，我认识到，要有"三个有点"才得以喝武夷岩茶、享武夷岩茶。何谓"三个有点"？一曰：有点闲；二曰：有点钱；三曰：有点资源。

一曰：有点闲。在江浙一带，人们常常习惯于早上抓一把或一撮绿茶于杯中，泡上开水后，即可开喝，一喝一整天，即便茶叶已发白，即便茶味已寡淡如水，一般也要到下班或晚寝之前，才把杯中茶渣倒掉，茶算是完成了一天的使命。喝武夷岩茶就不如此简单了，它有一个完整的流程：洗杯或壶（包括泡茶的盖杯或壶，以及喝茶的杯、盏、盅等）→温杯或壶（包括泡茶的盖杯或壶，以及喝茶的杯、盏、盅等）→入茶→醒茶→润茶→泡茶（泡茶的水需摄氏100度的沸水）→倒茶入分茶杯（有的无这一程序，直接分茶）→分茶→喝茶。若是三五人一起喝，喝后还要评论一番，然后再沸水入杯或壶泡茶、倒茶入分茶杯、分茶、喝茶、品茶，如是者再三，当茶味中有水味出现时（一般为七～八道水后），倒出茶底，观之，评之后倒掉，换上另一泡茶。一泡武夷岩茶喝下来，大致需要20—30分钟，所以与同属青茶类、同名"乌龙茶"、泡茶喝茶流程大致相同的铁观音（按地域分，武夷岩茶为闽北乌龙茶，铁观音为闽南乌龙茶，两者同为按发酵程度分类的中国六大茶类中的青茶）一起，被人们称呼为："工夫茶"——需花工夫泡，花工夫喝，花工夫品评的茶。

所以，要喝武夷岩茶，须得有闲。这一"闲"，包括闲时、闲情、闲心。有闲时间，才能因为或为了喝茶而坐下；有闲情，才会有雅兴品茶；有闲心，才会细细体验茶之乐和趣。在这"三闲"中，才会一杯一盏地用心品尝武夷岩茶特有的茶韵，感受武夷岩茶特有的茶意。唐人李涉《登山——题鹤林寺僧舍》诗："终日昏昏醉梦间，忽闻春尽强登山。因过竹院逢僧话，偷得浮生半日闲。"中"偷得浮生半日闲"一句常被今天忙碌的职场人士用来形容自己享受了一时的闲适，但实际上，诗中的"强"与"偷"二字已明确无误地表明了诗人，首先是强迫自己"有闲"，才得以"享闲"。同理，喝武夷岩茶亦是如此：饮者必须首先让自己放下、放松、闲适，才能享有喝岩茶时的放下、放松、闲适，享受喝岩茶时特有的放下、放松、闲适的快乐，喝岩茶才能成为生活中的趣事和乐事。

二曰有点钱。以一天一撮最多一把茶叶计，江浙一带饮者每人每年消费的绿茶（如龙井茶），最多1000克即可，购茶开支所占全年开支比例很低。即使较贵的茶，比如前几年原本七、八百元一斤，现涨到了三、四千元一斤的西湖龙井，杭州的一般工薪阶层中，购买者也大有其人，因为即使三、四千元一斤，六至八千元两斤，也可喝一年。而武夷岩茶就并非如此了。一泡岩茶，一般泡七、八道水后即要更换，爱喝岩茶的上班族一般会在上班时泡上一泡，将几道汤并成一大杯，权作解渴；在午休时，与友人一起泡上两泡，细细品尝；然后，晚餐后再泡二、三泡，作为享受，一天下来，每人至少消费五、六泡岩茶。目前，一泡岩茶少则 6 克，多则 10 克，最常见的为 8 克。以每泡 8 克，每天消费 5 泡计算，每人每天的用量为 40 克，一年 365 天的总消费量为 14600 克（25 斤多）。所以，福建人对岩茶用量的俗语为：不文不火 30 斤。

武夷岩茶核心产区为"三坑两涧"——牛栏坑、慧苑坑、倒水坑、流香涧、悟源涧，所产茶叶，在 2015 年仅茶青（刚采下的青叶）就已卖到 300 至 500 元一斤。以一般的七斤茶青制一斤成品茶计算，仅茶青的成本价就需 2100 至 3500 元，加上制茶的费用、仓储费（岩茶初制成后需储藏半年左右再焙火一次，才加以出售）、包装费、运输费、相关税及企业管理费用等，加上基本利润，如无自己的山场（茶山），"三坑两涧"的岩茶每斤（500 克）的售价至少为二万元。在 2017 年，听说青叶已涨到七百元左右一斤，这成品的售价当更高了。随着武夷岩茶美誉度和知名度增高，虽非核心产区但同为正岩（武夷岩茶 72 平方公里产区内）所产的武夷岩茶（也是武夷岩茶之上品）的价格也飙升至近万元，有的已达数万元。以"三坑两涧"岩茶为代表，因产量较少，正岩岩茶常常是一茶难求，水涨船高，那些武夷山地区的洲茶、田茶，中档的每斤售价也在二千至三千元。即使是中档消费，以每斤三千元、每年消费十二斤（每天 2 泡，每泡 8 克）计，用于岩茶的支出为三万六千元。目前中国国民中等收入者的标准为年收入 6 万～ 50 万元，取五等分的中间值的年收入为 21 万～ 30 万元、31 万～ 40 万元。可见且不论低收入者，即使对大多数的中等收入者而言，每年以 1/10 ～ 1/5 的收入用于喝茶，当是一笔不小的开支。所以，须得"有点钱"，才能喝上武夷岩茶，尤其是"三坑两涧"的武夷岩茶。而结交武夷山天心村的茶农（他们大多有自己在武夷岩茶核心产区的山场），以便能以自己可承受的价格购买到正宗的武夷岩茶，已在近年成为诸多岩茶爱好者购茶的不二法门。

三曰有点资源。武夷山出好茶，武夷岩茶是好茶，但在今天，由于武夷岩茶售价不断上涨，要寻得正宗的武夷岩茶，尤其是正岩茶及其核心区的"三坑两涧"的茶，绝非易事。每年五月采茶季节，都有诸多的茶商、茶人前往武夷山寻茶（买茶），并大多都说自己寻得了正岩好茶，可惜真相并非如此。就像每年三、四月份西湖龙井采摘季节，也有诸多茶商、茶人前来杭州，在龙井、梅家坞、狮峰一带的农家，亲眼看茶农炒茶，然后直接购买的"西湖龙井"中，不少实际上是以外地茶的青叶炒制而成。这些外地茶中也有质量颇佳的，但毕竟不是西湖龙井，其茶味是大相径庭的。武夷岩茶亦是如此，即使亲自到山上或车间，亲眼所见茶青繁茂或岩茶制作过程，但实际到手的成品中有可能不少茶青是来自非岩茶核心产区乃至非

陈德华(北斗) 叶启桐(岩主) 王顺明(琪明) 刘宝顺(慢亭)
刘峰(永乐天阁)王国兴(众寻)吴宗燕(北岩)游玉琼(戏珠)
刘国英(岩上)黄圣亮(瑞泉)陈孝文(慧苑)苏炳溪(大坑口)

岩茶产区的武夷山地区，即当地人称为的"外山"的茶青。这些"外山"的茶青，以武夷山地区的吴山地、建阳、建瓯为多，也有甚至来自临近的浙江山区。吴山地属武夷山区，也是茶区，云雾缭绕的高山上也产好茶，尤其老枞水仙的"枞味"颇足且悠长。但与武夷山正岩茶比，岩骨不足，茶味也薄许多。一般三、四道水过后，茶韵会大跌，出现我所称的"跳水"现象；建阳和建瓯属武夷山区，也产好茶，尤其是建瓯，曾是宋代贡茶御茶园所在地，所产矮脚乌龙尤为出色，其汤色棕黄，香气扑鼻，令人难忘，而古时，所产"龙团凤饼"更是专送朝廷的贡茶。因其非岩茶，以此充作岩茶，难免花香明显，但岩韵则被指大为不足。可惜了！就如同将一位武林高手硬被拉到秀才圈里比诗，折了自己的特长，又以自己的短处冒充他人之长处，难免毁了英名。可惜了！临近福建的浙江山区也属武夷山脉，也有一些丹霞地貌的大山，因其地处山脉之末，所产岩茶之花香属中等，岩韵则是淡薄的。这些"外山茶"有的被充作"武夷正岩茶"——近年来最多见的是吴山地的茶作为"武夷正岩茶"出售；有的被作为主料，真正的武夷岩茶作为辅料，混制成"武夷岩茶"出售；更常见的是被添加进洲茶、田茶中，以增香或显醇厚后，充作正岩茶出售。2017年国庆期间，我到临近福建的浙江山区游玩，在一山农家喝到他自制并自豪地称为"岩茶"的一款茶，颇觉有武夷山某些厂家生产的武夷岩茶之味，细细询问下，茶主人坦言武夷山有厂家每年向他购买茶青，添加到其生产的"武夷岩茶"中。除外山茶外，武夷岩茶自身更有正岩（生长于风化的火山岩上）、半岩（生长在杂有泥土的风化岩或杂有风化岩的泥土中）、洲茶（生长在河滩、溪滩上）、田茶（生长在泥土地即田地上）之分。不同产地的茶，茶韵高低、厚薄差异明显，价格当然也十分悬殊。在利润驱动下，以假充真、以次充好、假冒非遗传承人品牌者并非少见，故而许多时候，出了高价并非一定能购得相应的好茶。所以，爱茶人必须拥有一点具有高信任度的武夷山制茶人和茶农的人脉资源，才能喝到真正的武夷山岩茶，尤其是正岩的武夷岩茶。

要享用和享受武夷岩茶，有点闲、有点钱、有点资源——这三个"有点"缺一不可。不然，就会像我的丽江、大理之行：年少时，我有时间没有钱；长大后，我有钱没时间；当我又有钱又有时间了，大理已不是原先的大理，丽江也不是原先的丽江。

希望人们在拥有这三个"有点"时，能享用和享受这武夷岩茶之乐。

茶生活

岩茶画

2015 年春的某一天，我在家中品味武夷山天心禅寺的白鸡冠，啜饮之余，在茶底夹出两片茶叶，放入白色茶盏，注入清水，想仔细观赏天心禅寺白鸡冠呈现的武夷岩茶茶色之"活"——从几经烘焙已成墨绿色的干茶色回归到如五月刚刚采摘下来的嫩绿鹅黄色的新茶色，以及摇青时形成的红镶边。

为更清晰地看清茶叶的色泽，我在茶桌上轻摇慢移着茶盏，摇着、移着，两片茶叶不断地变化着位置，无意间，我定睛一看，盏中出现的居然是一幅"夏日鹅憩图"：荷塘中，在一片大大的夏荷之下，一只美丽的天鹅闲适地休憩着，一

片心静自然凉的意境。兴奋之余，拍照留念，并与诸茶友分享，获得赞声无数。

由此，想起南宋时流行的"茶百戏"。当时喝的茶是将茶叶碾碎成末后再加水啜饮的末茶。先是无聊有闲又风雅的文人们以沸水注入茶中，观茶末形成的图案纹路，或曰画或曰书法，以增茶趣，之后这一茶戏上进入宫廷，下流入市井，成为一种社会性的时尚，技艺日趋繁杂，作品种类也不断增加，终成为一项有了"茶百戏"之称的程式化、模式化的茶事娱乐活动。这一茶事娱乐活动一旦正规化和正式化，尤其被皇室乃至皇帝所欣赏，就难免从单纯的娱乐转化为竞争性的娱乐。于是，比花纹图案者有之，比花纹图案时间持久者有之，比以茶末所显示花纹图案而赋诗作词者有之，比以花纹图案界定茶品优劣者有之，"茶百戏"也就有了另一别名："斗茶"。而方便人们观斗茶、赏茶百戏的建盏也名声鹊起，尤其以"金油滴"和"兔毫"为最。

由于战乱又起，民不聊生，随着南宋的灭亡，元朝对南方士人的镇压，尤其是出身底层、体恤民生的明朝创始人明太祖朱元璋对贡茶茶品由蒸茶改为散茶的改革，以末茶为基础且颇有富豪奢靡之风的"茶百戏"日益衰退，直至今天，几近失传，只留下"斗茶"一词仍在福建等地流传。比如，武夷山每年在岩茶开喝之时的十月，都会有"斗茶会"，持续数日，以评上下，不过"斗茶"只是单纯地茶与茶之"斗"了。

联想之下，我将这幅用白鸡冠茶底摇晃而成的"夏荷鹅憩图"

的画种命名为"岩茶画"。这幅画具象明显，可以作为岩茶画下的一个分类，叫做形象画。带着创作的新鲜感，第二天喝另一款岩茶肉桂时便想再作一幅。只是无论怎样摇晃茶底，始终没有什么可供想象的图案纹理显现。无奈之下，我只得把茶盏中茶汤沁入另一茶盏中养盏，然后倒掉茶底。回转身看，见白瓷茶盏中，黄棕色的汤色如日落黄昏的江上，暮云四合，夕阳斜照在江面，几粒褐色的茶渣落处形同一艘小小带蓬渔船，"渔舟唱晚"四字在心中油然而生。这幅画是抽象的，有一种中国古典诗词式的，只可意会难以言传的意境。如同黄昏夕阳中的惆帐，孤舟独行的寂寥，日月山河变化的苍茫，都在这一盏棕黄色和几粒褐色之中。这一画种可作为岩茶画下的另一个分类：意境画。

也许，真的可以将岩茶画作为一种画种推广，当然所属还有更多的分类。而要遵守的一个基本规则是：在品茶器皿中加水，放入岩茶茶底（茶渣），不用任何辅助工具或添加物，仅以摇晃或移动该器皿而成图案纹理，并加以命名。而这一规则也可视为对岩茶画的定义。

如同"茶百戏"一样，岩茶画的作品具有临时性的特征，不易保存。好在现在摄影技术发达，摄影工具普及，一旦形成岩茶画，便可拍摄之，供收藏，供分享，供众人观赏和评判。作为一种新兴的茶事娱乐活动，岩茶画集品茗、绘画书法、作诗吟词、摄影等雅事于一体，可自娱，可众乐，行之，当为生活增添开心多多。

　　某日,将此茶趣与几位同学兼茶友分享,大家又一起品茶、摇画,更得佳作若干。观赏讨论之后,大家一致认为,岩茶画可遇不可求,如有"天意"左右着图画纹理,故而,将岩茶画命名为"天意岩茶画"更为恰当。于是,摇画成为我们品味武夷岩茶时的又一乐事。

茶 宠

早知道动物可以作为宠物，比如波斯猫、哈巴狗；后来，又知道爬虫可以作为宠物，比如蝎子、蜥蜴。再后来，知道植物也可以作为宠物，比如前几年流行的多肉植物。在武夷山喝岩茶，常见茶海或有漏水孔的茶桌上放着一些小摆件。人们喝了杯中茶后，会把残茶倒在这些摆件上，如浇灌一般。有的人家中的摆件在日积月累的浇灌下，有的长出了茶苔，颇有沧桑感；有的如古董，有了"包浆"，滑润可人。而天天喝着茶汤，这些摆件也散发出幽幽的茶香。浙江人的茶桌上没有这些东西，即便是在老茶人的家中，我也没见过，心中疑惑，但又碍于文人的面子，羞于启问，旁敲侧击地问："这有什么用处？"答曰：没什么用，就是好玩，亦无解。一日，好奇心终于冲破了文人的面子，实在忍不住，指着那排小摆件无奈地发问：这是什么？总称叫什么？在一片我解读为："怎么会有人不知道这个"的惊讶的目光中，我听到一个福建普通话的答案：

cháchóng。3秒钟后，灵光一现，茶虫！我恍然大悟回应："哦，你们把残茶倒在上面，它就像虫子一样喝残茶，所以叫茶虫。"众人听后一楞，接着均大笑，说：不是虫子啦，是宠物，喝茶人的宠物，茶宠！我顿觉羞愧，暗骂自己真是个地地道道的"舞姿优美趣"——无知（舞姿）又没趣（优美趣）！唉唉，一声长叹……

从我所见的茶宠看，按器形分，可分为佛像类，如弥勒佛；吉祥物类，如身上堆满钱币的蟾蜍；植物类，如莲蓬；动物类，如小鹿；果实类，如花生。按材质分，主要为陶土和紫砂两种。按工艺分，常见的为模子浇铸、手工捏制和浇铸加手工修整三类，还有半上釉和不上釉之分。而无论何种，均为烧制而成。

友人曾送我一对卧着的小鹿茶宠，全身覆盖着梅子青的青釉，只露出未上釉的咖啡色的陶土头部，放在茶桌上，犹如一对静静地卧在青草中的小鹿伴侣，摇着长长的鹿角，睁着纯净而不谙世事的杏眼，乖巧地望着我们。给它们浇灌了两星期残茶后，心生一计，认为把它们整个浸泡在倒茶底的小残茶桶中，会更快地蒙上"包浆"。于是，两只小鹿茶宠被放入了小残茶桶中。隔了两日再喝茶时，见到小残茶桶中满是残茶，以为上次喝茶后忘了清理，急于喝茶中，拿起残茶桶就往盥洗盆倒去，一片哐当声中，幡然猛醒，马上住手，已是来不及，一双可爱的茶宠小鹿光荣殉职。痛悔中，领悟到一条生活真理：欲速则不达，做事须顺其自然之道，方为正道。

目前，我养了两只茶宠。一只是石形座上的山羊，座底上了青釉，未上釉的羊身后倾，羊头高扬，前蹄高举，似在春草遍野的山岭上奋力攀登。山羊茶宠放在茶桌上，每次喝茶，我都会以残茶浇灌之。尤其是喝武夷岩茶时，遇上好茶，边浇灌边说一句：呵呵，也请你喝一点；遇到不太好的茶。就说一句：不好意思，今天的茶有点不对胃口，明天请你喝好茶。几年下来，原本粗糙的陶土山羊身摸上去也有点光滑感了。

　　另一只是莲蓬，完全的陶土外露，没有半点釉色。它是由模型浇铸而成，暗褐色，十分逼真，连莲蓬洞中的莲子也是可以晃动的，摇一下，有呛啷的金属之声。一日，我先生的一位男性朋友，来喝茶，见到这茶宠莲蓬，开口就说："哇，你家这铁莲蓬不错，哪位大师作的？"我和先生喷笑，告之是网上买来的陶制品，售价人民币29元。朋友伸手摸了摸，又扣指击打闻声，然后信了。又一日，我的一位女性朋友来喝茶，对着茶宠莲蓬看了又看，观察半响后问："你这莲蓬怎么晒干后又不会爆裂？"我和先生又喷笑，告之是陶制品，她伸手摸了以后，也大笑说："我上当了，这真的不是真的啊！"想不到这茶宠莲蓬能如此以假乱真，真是十分有趣！而从做学问的角度看，它居然也是一个检测器，检测出男女行为的性别差异，

并引导着研究者进一步探究这一差异产生的原因及其结果。

　　茶宠原本只是一把土，由人赋予它外形，赋予它内涵，乃至赋予它某种意义。所以，它是一种客观存在，也是一种主观构建，更是具有某种"人性"：与茶人之间能很好地交流与沟通，甚至可以是茶人心理特性的直接表象——由茶宠知喝茶之人。茶宠真是有趣之物啊！

　　我喜欢我的茶宠！

岩茶十件

　　与其他茶相比，喝武夷岩茶无疑是较为复杂的。比如，冲泡岩茶的盖杯有 6 克杯、8 克杯、10 克杯之分，不同量的岩茶必须用不同量的盖杯冲泡，以免盖杯过小，茶叶不能充分泡开；盖或杯过大，入水过多，影响茶味。若饮者较多，超过分杯数（一般同喝岩茶者以最多不超过 6 人为宜，人太多，茶汤量不足，就难以共品同一道茶汤，而岩茶的特征之一是每道茶汤各有不同的色、香、味），冲泡者就须用两只盖杯冲泡，以使品饮者获得同一道茶汤。所以，武夷岩茶泡茶老手一般都会两手同时冲泡出水，饮者多时便左右开弓。再比如，武夷岩茶的品茶杯有收口杯和敞口杯之分，收口杯留香效果好，有利于杯底香闻鉴评赏；敞口杯散香效果好，有利于汤香发散四溢。留在自己品茶杯中的底香是自己独闻的，散发于空气中的茶香是众人共享的。所以，我有时会开玩笑地将收口杯称之为"独乐杯"，将敞口杯称为"众乐杯"。又比如，冲泡品赏武夷岩茶需有茶海、分茶器、茶桶、茶垫、茶盘、茶巾、茶秤等。其中，茶海设有泄水口并连接接水桶的茶台，将冲泡茶用的盖杯（或茶壶）、分茶器和品茶杯等置于茶海上，洗杯、温杯、冲泡、分杯的漏水都被收纳于茶海之中，不在桌上、地上四处横溢；分茶器为带有尖形出水口的杯或壶。将泡出的茶汤倒入此中，然后在多个饮茶杯中均匀地进行分配。因分茶需均匀，故又称“公道杯”。这分茶器是近年从台湾流入大陆，并已被大陆众多的茶人接受，虽然亦有不少茶人以各种理由反对使用分茶器，拒不使用分茶器。茶桶置于茶桌上，用于倾倒品茶杯中的残渣或残茶，以及鉴赏评论过的茶底。而在近年逐渐流行的不让水外溢的“干泡”（与之相对应，让水外溢的称之为“湿泡”）中，洗杯、温杯等之余水也倾倒于茶桶之中。茶垫有大小之分，大者用于垫盛有沸水的煮水壶，小者垫在品茶者面前的桌位上，用于放置品茶杯。茶盘是用来盛放茶底的。将喝过的茶底倾倒于上，品茶者就可以鉴赏评论了。茶巾是一块八寸见方的小方巾，大多为深色，用以擦拭冲泡或品茶过程中落到桌上的水渍和茶渍。茶秤（现为电子秤），用于散装茶入盖杯时的称重，得以准确、合适地进行冲泡。

即便是冲泡茶的小工具，较之于绿茶、黄茶所用的“茶六件”（也有人称之为“茶道六君子”），武夷岩茶也至少要多 4 件小工具，达 10 件之多，故我称之为“岩茶十件”，这十件小工具如下：

茶舀：用于从储茶器（包括罐、盒、瓶等）中搯出散装的茶叶。

茶则：用于放置干茶，以便饮者在茶叶冲泡前对干茶的品鉴观

赏，以及估算注水量。

茶夹：有大小两种。大者用于夹煮水壶壶盖，以便观看水沸程度、注水等，又称壶夹；小者用于夹品茶器（包括杯、盅、碗等），以便洗杯、温杯、送茶等，又称杯夹。

茶漏：置于分茶器上，用于过滤茶汤中的茶渣。

茶摄：用于夹取泡茶后洗杯或洗壶时，杯中或壶中残留的茶叶。

茶匙：与绿茶、黄茶的"茶道六君子"中的茶匙既可用于掏干茶、又可用于刮出杯或壶中冲泡后的残茶不同，岩茶的干茶条索较长，茶匙不便掏取，所以，"岩茶十件"中的茶匙仅用于刮出盖杯或茶壶中冲泡后的残茶和茶渣。

茶刷：用于清洗茶海。

茶剪：目前武夷岩茶的包装有散装和小袋真空包装之分，若为小袋真空包装，需用专用茶剪剪开包装袋，才能将袋中茶叶置入茶则或杯壶之中。

茶针：若以茶壶冲泡武夷岩茶，洗壶时需用茶针清理壶嘴和壶滤，以便茶壶出水顺畅。

　　茶筒：用于放置上述冲泡茶的小工具。

　　需强调的是，这"岩茶十件"并非如同绿茶、黄茶等的"茶六件"，仅仅在茶道或茶艺表演中，作为一种表演用具或程序性用品使用，而是作为冲泡、品饮武夷岩茶的一般工具或常规日用品而存在和使用，故而我将其称为"岩茶十件"而非"岩茶茶道或茶艺十件"。

　　"岩茶十件"中，除茶剪外，大多为竹制品或木制品，也有用金属镶以木柄的。我所见到的这些金属制品大多是镀上了一层金黄色，带着一种暴发户或土财主的洋洋自得，以此作为品岩茶的辅助工具，让我有一种清纯少女镶上了一口大金牙的不协调感，难以获得岩茶带来的宁静。相比之下，纯竹制或木制的"岩茶十件"与岩茶相得益彰，能让品饮者更快、更深地进入岩茶之意境。

　　在我拥有的岩茶十件中，我最喜欢的是一个用小葫芦做的茶漏。这茶漏为手掌般大小，曲线圆润而饱满，白白胖胖，光滑无暇，置于茶桌上，如同一个可爱的小婴儿在杯壶中嬉戏；置于手掌中，如童话般即将现形的宝船，令人遐想无限。因是小葫芦所制，所以这个茶漏非整套木制或竹制的"岩茶十件"套装中的一件，而是孤件——只有这一件。我把它当作茶宠养着，爱之所至，兴之所至，日用品也可以成为工艺品收藏呢！

老茶与陈茶

　　常有人来问我，如何区分老茶与陈茶。因各路行家说法不一，我也曾一度纠结，不知如何界定。后来，从语义学受到启发，将"老"定义为"自身年老、年长"；将"陈"定义为"存在的时间较长"。由此，我的界定是："老茶"为用老茶树上采摘的青叶制作、存放时间为一至三年的茶。其中，绿茶、黄茶的存放时间不超过一年，青茶、红茶、黑茶等发酵茶因为有一个冷却过程，存放时间可不超过三年。"陈茶"为存放时间超过三年的茶。其中，绿茶、黄茶超过一年时间即为陈茶，白茶、青茶、红茶、黑茶超过三年时间即为陈茶。陈茶由新茶长时间存放而成。这新茶可以是来自老树，也可以来自年轻的树，而老茶就是来自老茶树的一般意义上的新茶。过去，人们很少喝陈茶，故常以"老茶"称呼陈茶。如存放六年以上的白茶被称为"老白茶"。近年来，喝陈年茶，尤其是陈年青茶、黑茶成为风尚，而喝老树茶也已流行，所以，"老茶"与"陈茶"

的名词界定已成必要。

　　从品茶者的角度看，我个人认为，树龄在 30 年以上的绿茶、
黄茶可称之为"老茶"；树龄在 50 年以上的白茶、青茶、红茶、

黑茶可称之为"老茶"。而我个人经验为：绿茶和黄茶不宜久放，即使存放于冰箱中，超过三年，尽管色泽依旧，香气和茶味则失却了原有的淡雅。青茶类的铁观音中的清香型需放冰箱保存，如保存得当，四、五年后冲泡，仍色、香、味俱全，茶韵依旧；浓香型则可放于摄氏 20～30 度左右的室温中，避开日晒，存放为陈茶，醇化出与新茶不同的茶韵。青茶类中的岩茶及红茶、黑茶、白茶亦可如浓香型铁观音存放成陈茶，而随着时间的积累，这类茶的茶韵也会发生不同的变化，品饮者可在不同的年份喝到不同茶韵的茶，趣味无穷。在全国各地，今已形成诸多的爱喝乃至专喝多种陈茶、爱喝乃至专喝某种陈茶的"陈茶朋友圈"。

　　我喝过杭州狮峰茶农亲自以狮峰茶叶手工制作，自做自喝的地道的狮峰龙茶种老茶。较之大面积种植的龙井 43、龙井长叶之类的选育品种，这款来自树龄 50 年以上的老品种——龙井种茶树的新茶，汤色如翠竹新绿；汤味鲜味饱满，略有甜味；汤香有微微的春兰香，久违了的绿豆腥味十分明显，茶汤入喉，一种清爽和清醒感油然而生，让我这个生在杭州、长

在杭州，常喝龙井茶，习惯把龙井茶作为"工作茶"喝之，不觉其有何妙处的饮茶人，也禁不住拍案惊呼：好茶！好茶！这才是我想象中的、被称之为"四绝"——"色绿、香郁、味醇、形美"的龙井茶啊！

我还喝过老枞水仙、老枞肉桂、老树梅占等岩茶老茶，以及据说有上百年以上树龄、我亲眼见到树干上长满青苔的建瓯名茶，也是宋代"贡茶"的矮脚乌龙茶的老茶。与树龄小于 50 年的茶树上所产的茶青所制的茶叶相比，这些老茶的茶韵确实较强，给人更多的愉悦。但因有的茶品我只喝过老茶，如老树梅占，所以，很难说这就是这款老茶的特征还是该茶树品种的特征，唯有愉悦感悠长。

我可作比较的是水仙和肉桂。与一般的水仙和肉桂相比，老枞水仙和老枞肉桂的汤色更深而宁静，香味更醇更持久。就肉桂而言，老枞肉桂的茶香趋向柔香，圆融了许多；汤味更醇更绵柔，入口即化；茶气更足，通气、通血、通经络的"三通"功效更强。老枞肉桂和老枞水仙也更耐泡。一般的水仙、肉桂可泡七、八道水，老枞肉桂和老枞水仙大致可泡十七、八道水。而泡过的茶底还可煮上一、二道水，煮出的茶汤具有植物的香与甜味，仍为汤而非水，这与一般的水仙、肉桂煮出的茶水或充满水味而寡淡，或苦涩难咽有天壤之别。尤其是老枞水仙，香气中青苔的清新，色泽的棕黄微褐发亮，汤味的醇厚润泽饱满，茶气明显的经络走向，煮茶汤的薄荷香甘蔗甜，其特征十分明显，与一般水仙的差异，尤为悬殊，给人的愉悦感也更多和更强。

据说，福建过去不大有人喝老枞水仙，是某位领导在 2011 年偶尔喝之而大加赞赏后，坊间遂成流行并传播开来。我不知实情究竟如何，只是从观察所见，在福建，茶店售品中标注"老枞水仙"茶品名，厂商普遍推出老枞水仙产品，茶客斗茶中有了"老枞水仙"茶品，乃至大街小巷有了不少直接取名为"老枞水仙"的茶店或茶馆，确是 2012 年才开始出现的。直至今天，喝"老枞水仙"已成为一种常态性的时尚和时尚性的常态。而老枞水仙的供不应求，据说也使得有些厂商已将树龄为 30 年—40 余年的水仙茶树也称为"老枞水仙"茶树，将茶青制成所谓的"老枞水仙"售卖之。这些不到50 年树龄的"老枞水仙"，当然大大不同于真正的"老枞水仙"，

茶韵、茶气、茶感均差异颇大。然而，面对资本强大的逐利性，小小饮者唯有一声长叹。真是资本剥夺和控制着我们的一切，包括我们的口感！

我本来不喝陈茶，总认为它与灰尘同义，但在一次感冒、一次胃痛时，喝陈茶除病中，我发现了陈茶独特的韵味，才喝上了陈茶，并对岩茶陈茶、铁观音陈茶、福鼎白茶陈茶（老白茶）等产生了好感。与一般新茶相比，岩茶陈茶有一种与相应新茶有所不同的乃至迥然不同的陈茶香味；汤色褐红或褐黄色，有的甚至是深褐色，汤味稠厚、润滑、饱满，或浓或淡的茶酸味替代了茶涩味，有一种酸鲜的味道。铁观音陈茶兰香醇厚，汤色略深如琥珀色，茶汤厚度增加，有了与陈年岩茶一样的"茶骨"，喝后浑身发热，微汗涔涔。俗称"老白茶"的福鼎白茶陈茶有一股槐花香气，汤水红褐色，汤味清爽且带着植物的甘甜。福建人说，乌龙茶是一年为茶，三年为药。相较于新茶，陈年岩茶、铁观音与老白茶减脂降压、消食祛寒、暖胃消炎之类的药用功效确实更强。

2017年冬日，去浙江大学刘云教授家喝过她用福鼎白茶陈茶加红枣自制的老白茶养生煎茶。一边是红红的木炭火，一边是咕噜咕噜冒着茶香热气的陶罐，边喝着她用竹舀子舀到陶碗里的养生茶，边闲闲地有主题或无主题地聊天，在茶香、枣香、碳香的包围中，在茶的草甜加枣的果甜的润泽中，其乐也融融！

在喝陈茶的经历中，印象最深的一次是2013年，我被邀去喝友人从民间淘来的乾隆时期的茶。200多年以前的茶啊！真是又惊奇又怀疑又充满期待！与诸多陈茶都有一个动听的传说一样，这泡茶也有一个类似的故事：在闽北高山农村一农户拆老房子时，在房梁上发现了一坛用写有乾隆年号的脆而黄旧的稻草制成的土纸包裹着坛口的茶叶。闽北农村有新房子上梁时，在梁上放茶叶的习俗，友人亲眼见到这存茶叶的坛子样式古旧，为清朝物件；包盖纸上蒙

尘颇厚，鼠迹斑斑。闻讯同去的陈茶客认定此茶不假，纷纷购买，友人只抢得三小袋，计24克。当日泡的即为其中一袋，为8克。我们没去辨析此故事真假，且作佐茶之笑谈，哈哈而笑矣。

　　此茶十二道水前，汤色为黑褐色，一股蓬尘味，茶汤入口唯中药味，无愉悦感，有探险感。十二道水后，汤色慢慢转为深玫瑰色，尘土味渐消，中药味渐消，茶味渐显；在十八道水后，成为极漂亮的保加利亚玫瑰红，亮丽而妖艳，且一直保持不变。而汤中灰土味消尽，复有淡淡香味飘出，似花香又似果香，汤味饱满度增加，茶气出现，愉悦感逐渐加大，一时间，有一种除去蒙尘，浮出历史地表的想象。这泡茶我们四个人喝了一下午，喝到第三十五道水时，虽还可再泡，但我们实在是饥肠辘辘，腹中满满，喝不动了。据说

茶友将这泡茶带回后，第二天又泡了十几道水才作罢。

　　喝后再议，我们认为该茶很有可能是矮脚乌龙陈茶，但对其200余年的历史，则抱有疑问，后一致决定要为它做一个年代测定，于是第二袋茶成了送到北京大学碳14检测中心的检测品。而第三袋茶则被友人作为礼物送给了我，我将该袋茶一直珍藏于小茶罐中。几个月后，友人来电说，北大报告出来了，该茶较确切的年代为20世纪30年代（±50年），虽虚报了一百多岁的年龄，但这茶实在是一款难得的好陈茶，所以我们无上当受骗感，而是抚掌大笑。这是我至今喝过的已确认年份最久远的陈茶。认同感加上游戏心，直到今天，当有人在我面前洋洋自得地大吹自己喝过有多长年份的陈茶时，我就会大煞风景地问道："你喝过乾隆年代的茶吗？我还有一泡，舍不得喝，藏着呢！"对方往往立马哑口，在我暗暗窃笑中，顾左右而言他了。嘻嘻，这也是这款茶带给我的一份乐趣啊！

　　老茶和陈茶都是稀缺品，得之不易，饮之乃一种福份。故而，"珍惜"二字是品饮老茶和陈茶时必须铭记于心的。

茶生活

正山堂红茶

　　武夷山正山堂出品的红茶是我最喜欢的系列红茶，社科文献出版社社长谢寿光教授亦有同感。我们共同的评价是正山堂的红茶色正、香正、味正；色纯、香淳、味醇。所谓色正、香正、味正，是说一个品种特有的色香味特征明显，没有杂色、杂香和杂味。所谓色纯、香淳、味醇说的是汤色纯净，不带杂质；茶香淳朴，没有虚浮；韵味醇厚，不显轻飘。所以正山堂红茶是我们共同的常饮茶。

　　正山堂红茶的茶叶产地在武夷山中，福建与江西交界处的桐木关。我去过桐木关，真是个深山老林。从武夷山景区进去，还有近一个小时的车程，盘山道路盘旋而上，只见一边是峭壁，一边是密密层层的原始森林，车子转了又转，头晕目眩之时，突现一个小山坳，正山堂茶厂就坐落在这深山密林的山坳之中，不远处即是桐木关口，越过桐木关，便是江西的地界了。

　　桐木关正山小种红茶的来历颇有传奇色彩。据说该地原产绿茶，明朝中后期某年，村民刚采来茶青还未加工，战火突起，官兵过境，村民均弃家而逃。战火过后，村民回到家中，不仅仅过了绿茶最佳的制作期，更因士兵将装满茶青的麻袋当作垫褥，茶青受一个多月人体的热焐，没有了原来的清香。村民不愿丢弃，加以制作，闻到了原来没有的醇香之味，而茶水之色也转为金黄色。由此，一种新的茶饮品诞生了。正山小种是世界上最早的红茶，所以是红茶的鼻祖。现有的英国红茶、斯里兰卡红茶、土耳其红茶等均源自印度，而印度红茶则是来自桐木关，是清朝年间英国商人偷了正山小种的茶种至印度栽培、拐骗走桐木关茶农至印度制作而成，后加以传播的。

正山堂系列红茶有 20 多个品种。其中有一款品后有台湾阿萨姆红茶之感，问之才知原来台湾阿萨姆红茶原产地是印度，而印度红茶的祖先就是桐木关正山小种。于是再问并查史料证实，福建桐木关是世界上所有红茶的始祖之地。借用"书到用时方知少"名言，愧曰：端茶亦知读书少，一品一饮皆为史。

生活中，真是转机无处不在，惊喜无处不在，学问无处不在啊！

茶生活

我记忆中的那些铁观音茶

我开始真正认识铁观音茶，是在 2000 年初。那天，我无聊地在电视频道中"流窜"，忽然看到一则介绍安溪铁观音的系列电视片，认真看了下去，才知道原先我对铁观音茶的认知均为谬见，才知道铁观音色棕黄、香如兰、有回甘的基本特征，才知道世上有一种"炖"叫做"炖茶"——安溪铁观音茶农将茶在炭火上用小火慢慢烘焙置于茶笼中的铁观音茶青的过程，称作"炖茶"。

这一系列记录片是从讲述安溪的中闽魏氏茶业用传统工艺制作铁观音茶的过程作为切入点，介绍铁观音茶的。魏氏茶业是一家已传承数代的老字号企业，机缘凑巧，我也是从品尝魏氏铁观音开始，喜欢上了铁观音茶。用传统工艺制作的中闽魏氏铁观音在铁观音中属中发酵茶。其汤色黄棕、澄明、汤味爽厚、回甘迅速而悠长，茶香是清新的春兰香中夹有木炭的香味，挂杯香持久。魏氏铁观音给人一种坐在老茶馆中喝茶的老者的感觉，恬淡悠然地看着眼前的熙熙攘攘，犹如老年的稼轩作词云："少年不识愁滋味，爱上层楼。爱上层楼，为赋新词强说愁。而今识尽愁滋味，欲说还休。欲说还休，却道天凉好个秋。"历经沧桑事，遍闻人间情，一杯茶在手，已是闲淡人。所以，在很长一段时间里，凡写学术论文时，我都会泡上一泡魏氏铁观音，在它氤氲的茶香中获得历史的灵感。

与魏氏铁观音的历史沧桑感相比，华祥苑铁观音给人的感觉是随风飞扬的飘逸。华祥苑铁观音在铁观音中属低发酵茶，汤色明黄、汤味爽滑轻盈、回甘清爽，香如秋兰，夹带着野地青草的清香，弥散性强。有很长一段时间，我经常乘坐飞机来往浙闽两地，在福州和厦门机场，常有华祥苑铁观音的茶香飘散在空中，这常让我想到魏晋时期服了五石散的士人们，白衣飘飘狂发纷飞，在山林中呼啸而过……

之所以记住了日春铁观音，首先是它特有的冷香。在我喝过的铁观音茶中，一般挂杯香都是温热香，也就是说，茶尽后，杯热或温时杯壁上留有茶之余香。而日春铁观音的挂杯香除了有热香、温香外，茶尽杯凉后的 20 分钟间，杯壁仍留有余香，并慢慢化作空谷幽兰之幽香，形成特有的茶意。日春铁观音的汤色鹅黄翠绿，有一种彩墨国画"春江水暖鸭先知"的淡雅；汤味柔厚，微微的涩味迅即化为满口的回甘；汤香温和悠长，如暮春初夏的野兰之香。日春铁观音给人一种秀丽文雅之感，于是，那些出身名门的民国才女少女时的面容浮现在眼前，冰心、林徽因、张幼仪……

在哈龙峰铁观音系列产品中，我印象较深的是"双龙戏珠"，而之所以如此，是在于它的"守规微违"。"双龙戏珠"的汤色金黄明亮，香如暮春兰花，温香盈盈，茶汤入口微涩后迅速回甘满口，一切都如此循规蹈矩，可在茶书中找到对应。但在每一罐中，总有几泡的茶香或明或暗地包含着三秋桂子香，春兰秋桂形成新的茶之意境，兰桂飘香呈现与众不同的茶之意韵。这一对茶书所说铁观音茶香特征的违背，使得原本规规矩矩的"双龙戏珠"有了灵动之感，成为对孔子所云："七十随心所欲不逾矩"形象性的茶中解释。

铁观音茶有清香型和浓香型之分，相比较而言，我更喜欢清香型，所以对铁观音茶的感受更多地也是来自清香型铁观音。当然我也不是不品浓香型铁观音，而在我所品味过的浓香型铁观音中，印象最深刻的是八马铁观音。

八马铁观音是铁观音中的重发酵茶，因而汤色棕黄，汤味厚而滑软，汤香是秋阳下的兰香且带着些微烈日暴晒后枯叶的干香，虽无武夷岩茶之茶韵，但汤色、茶香已接近武夷岩茶。与清香型铁观音相比，确实可谓"浓香"，且不止香浓，色亦浓，汤亦浓。故而现在一些拼配型武夷岩茶品中，铁观音也成为配茶之一，以增加茶汤的香气和柔滑度。

能留下记忆的茶是与之有茶缘的茶，而我与铁观音茶结下的恰恰又是欢喜缘，所以，家中冰箱内清香型铁观音是必存品，以便茶瘾一到，即可马上冲饮，以解怀想。而对于可在常温下存放的浓香型铁观音茶，我则将之存放在储藏室中已逾三年，期待着再过数年，可乐享陈年铁观音（俗称"老铁"）特有的香、甘、厚之茶韵。

有一种普洱是茶膏

福建茶人有一好习惯，随身总带着三、五泡私藏的好茶。与人一起喝茶时，遇到有人说所泡的茶味佳，心中的竞争欲望突破防线，便会掏出来冲泡，请大家品尝比较，名曰"斗茶"。"斗茶"原为

茶生活

南宋朝野流行的一种茶事游戏，以茶汤图形赋以诗词，茶与文学修养一并比试。如今的"斗茶"为茶与茶的比试，单纯质朴得多，也颇为有趣。

得知了福建茶人的这一习惯后，去福建喝茶或与福建茶友一起喝茶时，我总喜欢一落座就先声夺人地大叫："把好茶拿出来！"遇到熟人或好友，甚至会忍不住轮流去掏她们的手提包，手提包中没有，便去掏她们的口袋，一定要好茶到手，方才罢休。哈哈，这也是我的喝茶一乐趣！

2013年11月，在福州与朋友一起喝武夷岩茶，其中有一位是被公认为"有好茶"者，也是当地"斗茶"的目标人物和"常胜将军"之一，于是，当晚就以她手包和口袋的私藏茶为主打茶。该君确实"包中乾坤大，袋里好茶多"，非遗传承人制作的金佛、百年老枞水仙、金奖肉桂……一泡泡拿出来，让我们尽享武夷岩茶之盛宴。到了最后，她一拍包包和口袋说："没了，真的全部贡奉了。"我不信，看看她干瘪的口袋直接去翻她的手包，发现了一个黄色小瓷瓶，葫芦状，凤头盖，掏出，她无奈地笑着说："我最后的宝贝也藏不住啦！"

打开小瓷瓶，内装褐白色小粒块，闻之，有浓浓的蜂蜜味。友人说，这是她好不容易淘来的、由有数百年历史的普洱茶树的茶青制做的、已存放数十年的普洱茶膏，名曰："哈利王子"。我们一致认为，这"哈利王子"当是商家的噱头命名，但存了数十年的普洱茶膏未品尝过，希望一喝以评品，于是，普洱茶膏开喝。

取三、四小块在每人杯中，我们要求多加，友人说，足够了。

注入沸水，两、三分钟后，膏体化开，友人让我们端起杯子摇晃几下后说，可以喝了。杯中的茶汤为茶褐色，有蜂蜜的香味。茶汤入口，柔绵润滑淳厚；舌头两侧微酸，但整体微甜；有涩感，虽不是岩茶由涩回甘，但由涩迅速生津，且略带植物的清新，有一种嚼过树叶或草叶后的口感；蜜香在入口后化开，特别浓郁，满口香气由鼻腔上升至脑部，有醒脑之功效。茶汤入腹后，暖意周身流转，全身暖融融的，脸上有微汗渗出。毕竟是来自数百年的老茶树，是存放了数十年的陈茶膏，茶气充足，茶韵深厚！

　　见惯了普洱茶饼、普洱散茶，这普洱茶膏让我眼界大开。只是它的口感更像是一味中药，它的冲泡也让人觉得与冲泡板蓝根冲剂、感冒冲剂之类的中药冲剂无异；喝完后，汤尽杯空，亦无茶底可鉴评。所以，喝这普洱茶膏让我进入一种喝中药的意境。而友人说，这款普洱茶膏也确有治疗感冒、胃寒、积食等疾病之功效，也能减肥降脂。于是，我便向她讨要了这茶膏，闲来为茶，病时作药，一茶两用，不亦乐乎！

白茶：寒性的随和

白茶是中国六大茶类之一。以发酵程度由轻到重排序，中国六大茶类为白茶（微发酵，低于 5% ~ 10%）、绿茶（轻发酵，10% 左右）、黄茶（低发酵，10% ~ 25%）、青茶（又称乌龙茶，中发酵，20% ~ 70%）、红茶（高发酵，80% 左右）、黑茶（重发酵及后发酵，70% ~ 95%）。即白茶的发酵度最低。

目前，白茶主要有两种加工方法，一为萎凋后晒干，一为萎凋后烘干，均无专门的发酵工艺、工序和过程。所以，也有人认为白茶属不发酵茶。正由于白茶是由茶青略经萎凋直接晒干或烘干，与草药的制法相致，从某种角度看，与其他五大类茶相比，它更类似于一种草药，更接近于原始性的自然。

目前，白茶的主产区在福建的福鼎、政和、松溪、建阳等地，云南、浙江、台湾也有少量出产。其中，又以福鼎白茶的产量最大、名声最响。事实上，在民间传说中，白茶就源自位于福鼎的太姥山，是太姥娘娘为治百姓疾病，从太姥山顶上寻觅而得的茶种，经栽培而广为种植。福建省区域不大，但有两座著名的名茶源产地茶山，一座是武夷山，是武夷岩茶源产地和主产地，也是正山小种红茶的源产地和主产地；另一座是太姥山，是白茶的源产地和主产地。而在中国六大茶类中，福建作为源产地和主产地的茶类就占了三种：青茶（也称乌龙茶。它包括闽北乌龙——大红袍和闽南乌龙——铁观音）、红茶（正山小种）、白茶。福建真可谓是茶叶的福地，是茶人的福地，在中国茶叶史和中国茶叶的发展中功彪千秋，贡献独占鳌头。

　　白茶之所以被称为"白茶"，是因为该茶品种的基本特征为青叶上覆盖密密的白茸毛，其基本工艺为晒或烘干。白茶的茶制品根据茶青嫩老程度的不同，分为白芽茶、白叶茶两大类。在福鼎，白茶制茶人又根据茶叶叶片展开情况（俗称：叶片开面）的不同，将白茶分为芽茶、半开面茶和全开面茶。据说在唐代，福鼎的白茶茶农请文人给白茶茶品命名，诗兴大发的文人根据白茶茶青叶的形与色，将芽茶命名为"绿雪芽"，将半开面茶命名为"白牡丹"，将全开面而叶片较大、干茶条索较长的命名为"寿眉"，而"寿眉"中的珍品因上贡朝廷，而又被称为"贡眉"。这四类白茶的命名雅致而传神，一直沿用至今。

　　因制作工艺所致，较之其他茶类，白茶更具寒性，而也正是这一寒性，使得白茶清热解毒、凉血化疖的功效更强，有"赛犀角（犀牛角"）之称。在福建，尤其在闽北，人们常用白茶茶汤加用泡过的白茶茶底涂抹、贴敷的方法治疗热疮热疖、脸部痤疮（青春痘）、蚊叮虫咬肿块等外部疾痛，而牛饮煮泡的白茶茶汤也是治疗因风热

引起的感冒、喉痒咽痛及肝火上升、目赤耳鸣等疾病的民间良方。
当然，白茶性寒，外感风寒、胃寒及寒气较重者是不宜多喝或常饮
白茶茶汤的。

　　白茶的茶汤，新茶的茶色淡绿微黄，老茶的茶色棕黄温润。晒
干的白茶，茶汤有野草清新的香气，烘干的白茶，茶汤是花香飘拂；
冲泡的白茶，汤味清雅、入口微甜，煮泡的白茶，汤味润醇、回味

微甘。过去，喝白茶以当年或次年的新茶为主，近几年来，由于发现了存放五年以上，尤其是十年以上的陈年白茶（俗称老白茶）具有较高的养生保健、降"三高"（高血压、高血脂、高血糖）、治疗因雾霾引起的咽喉不适等的功效，饮喝老白茶成为许多人的喜爱，老白茶的销量也在增加，尤其是福建白茶销量一路直上，名列前茅。

白茶是寒性的，却有着十分随和的茶缘。以使用方法论，它可内服，也可外用；以泡茶方法论，它既可用沸水直接冲泡、沏泡，也可用煮茶壶煮泡，八克白茶煮泡一天，其味犹醇；以饮喝方法论，它可以冲泡后，用功夫茶小盅慢慢品饮，可作为"工作茶"，将茶汤装入大杯，大口猛喝；也可以边煮边喝、边煮边品；以饮用茶叶年份论，它可以是新茶，也可以是陈茶，陈茶、新茶各有独特的茶意和茶味；就茶成品的形状论，它可以是叶片自由展开的散茶，也可以是被紧密压制成圆形饼茶，以便于存放；以茶的拼配论，它可以是单味的——仅为白茶，也可以是与其他茶品或非茶品拼配，一并冲泡、沏泡或煮泡而成混味的混合茶。近年来，为迎合一些茶客的需求，已有包括红枣、陈皮、铁皮枫斗、西洋参等在内的一些食材或药材被命名为"茶伴侣"，与白茶一起配套包装出售。

白茶可以是淡雅的，尤其是晒干的新茶；也可以是味醇的，尤其是烘干的老白茶，喜淡者与爱浓者可各取所爱。它可以是草香清新，也可以是花香馥郁，草香花香各香其香。它可以是小池春早，也可以是秋阳夕照，春与秋的诗情画意各美其美……

我常在夏天喝一壶白茶以解暑气，尤其在今年（2017 年）摄氏 40 度高温多日不退的杭州，老白茶茶汤更是我的常饮之物；我

茶生活

更喜欢在冬天喝一壶有红枣相伴的老白茶，尤其在阴湿寒冷的三九寒冬，边煮边喝，边喝边煮，香香甜甜的茶气弥漫在屋中，温温润润的茶汤流入腹中，放录机中竹笛轻吹着"平湖秋月"……

就如白茶那样生活吧，以自己的本性为本，一切随意，一切随缘。

鲜柔的黄茶

　　曾以为乌龙茶是将绿茶高火烘焙而成，到了福建才知道，乌龙茶的茶树品种非绿茶茶树：从茶树树种来看，就不是同一品种。曾以为黄茶来自黄茶茶树，看了茶书才知道，黄茶是绿茶制作过程中多了一道渥堆工序：黄茶与绿茶同为绿茶茶树品种。这不由人感叹，喝茶真是一个长知识的过程。

　　与绿茶的"绿汤绿叶"不同，黄茶多了一道渥堆闷黄的工序后，就是"黄汤黄叶"了。作为中国六大茶叶品类之一，黄茶也曾风靡天下，或作为贡品上达天庭，或是达官贵人家待客之上品，或成为文人骚客口中大加赞赏的佳茗。其中的名品有"君山银针""霍山黄茶"等。但近三十余年来，当绿茶更多地被人们知晓并被疯狂炒作，绿茶的"黄汤黄叶"大多为陈茶之像时，黄茶便逐渐隐退，乃至难以在市场中寻到。近年来，据说黄茶的抗衰老功效较强，健康养生又已成为一种社会时尚，黄茶又渐渐在茶桌上显现，一些新创的黄茶品牌也开始出现。

我生在杭州，长在杭州，住在杭州，绿茶伴我长大，后又有机缘常去福建，乌龙茶成为我的新宠。过去即使因爱茶，有好奇感而在外出差开会时，在当地买过黄茶，如"君山银针"之类，但回家后也多为牛饮，未及细品。直到2015年，"茶生活"成为我的生活理念，"品味"成为我的一种生活方式，"品茶"成为我日常生活的一个重要内容，细品包括黄茶在内的茶品才成为可能。刚好茶友又送来两小袋黄茶，于是，在一个春雨霏霏的下午，我开始喝黄茶。

剪开茶袋，将茶叶倒入白瓷茶碗中，纯净的白碗底铺满嫩黄浅绿的茶叶，初春的清新与淡雅便从窗外的远山漫进了茶碗中，出现在眼前。黄茶的茶香与绿茶的茶香差异不大，都是雅致的春草之香。但也许经过了渥堆，黄茶的茶香较淡而历时短，而也许正是经过了渥堆，黄茶的鲜味胜于绿茶，浓而悠长。与沸水入杯便香溢全场、人未到而香先闻的乌龙茶不同，黄茶没有以茶香吸引人的功力，需要饮者啜上一口之后，方知此茶的妙处所在。就如同养在深闺中的小姐，在闺房中带着希望、带着惆怅、带着期盼，还有几分幽怨，默默地静静地等着梦中良人的到来。在嫁入夫家之前，外人无从知晓她的知书达理、温文尔雅、贤良淑德、柔顺可人……

黄茶的鲜是一种柔绵的鲜。随着茶水入口、入喉、入腹，那种柔和的茶之鲜味让人如沐和煦春风之中；黄茶的鲜是一种甜甜的鲜，当涩味化成回甘，植物的甘甜成为口中茶味的主味，柔甜的鲜，鲜的柔甜，当是黄茶的主要特征吧！

黄茶色如初春，味如暮春，一杯在手，便走过了春天，一种愁绪难免涌上心头。宋代词人贺铸的《青玉案·凌波不过横塘路》词回响在耳边："凌波不过横塘路，但目送、芳尘去。锦瑟华年谁与度？月桥花院，琐窗朱户，只有春知处。飞云冉冉蘅皋暮，彩笔新题断肠句。试问闲愁都几许？一川烟草，满城风絮，梅子黄时雨。"丝丝春愁涌动缠绕，叹芳华易去，叹佳景易逝，叹良辰何在……

好在此春愁乃为闲愁，柔柔的鲜、鲜鲜的柔黄茶，鲜味很快地将我从"梅子黄时雨"的愁绪，带入黄梅戏的柔绵甜美之中，令人想起《天仙配》中那个家喻户晓的唱段："树上的鸟儿成双对，绿水青山带笑颜。随手摘下花一朵，我与娘子戴发间。从今不再受那奴役苦，夫妻双双把家还。你耕田来我织布，我挑水来你浇园，寒窑虽破能避风雨，夫妻恩爱苦也甜。你我好比鸳鸯鸟，比翼双飞在人间。"《天仙配》的故事发生在洞庭湖，那里有黄茶名茶"君山银针"。黄梅戏源自安徽，那里也有黄茶名茶"霍山黄大茶"，如此的"因缘"，不由得使黄茶的柔鲜和鲜柔之茶味具有了苦尽甘来的"爱情"、柔和恩爱的婚姻、美好和睦的家庭生活的多重意境。

茶生活

茉莉花茶

　　茉莉花茶是绿茶经茉莉花窨制形成的一种茶饮品种。"窨制"是以茶叶较强的吸附力吸取花香的一种制茶方法：在花汛期间采集刚开放的花朵或将开未开的花苞与需窨制的热茶坯（通常是绿茶或红茶）堆放（或囤放、装箱）在一起，经通花、散热、续窨、起花、复焙等工序制作花茶，茉莉花亦如此。所以，过去，在茉莉花茶中是不见茉莉花干花的，而如今在茶叶市场或茶叶店中常见的茉莉花茶中夹杂的茉莉干花，只是商家利用人们以为茉莉花茶是"茉莉花干花加茶叶"制作而成的所作的商业噱头而已。

　　茉莉花茶是更为北方人所喜爱的一种茶，故而我曾以为茉莉花茶是北方的茶品，到了福州才知道，这是福州的特产。而茉莉花茶的诞生，也是源自福州茶商化废为宝的创举。

　　据说清朝咸丰年间，北京的福建茶商由于所销售的绿茶因时局动乱而滞销，留下大量陈茶。为回笼资金，商人们冥思苦想，最后终于想到了福建历史上曾有的在茶叶中添加少量香花，以增加茶香的工艺。几经试验，几经比较，最终生产出了以福州盛产的茉莉花（茉莉花如今已是福州的市花）窨制的茉莉花茶。由于花香掩盖了陈茶的陈味，但又保留了绿茶的滋味，花香中的茶味，茶味中的花香令人耳目一新，于是，茉莉花茶便以"香片"之名在北京流传开来，进而成为北方人喜欢的茶饮品。

不过话说回来，导致茉莉花茶出现的最初的动力是茶商推销陈茶，所以在很长的一段时间里除了贡茶，茉莉花茶的茶坯是陈茶或掺杂有黄叶和茶梗的低级茶。在计划经济时代，工厂车间大茶桶中工人免费喝的、火车上向乘客免费供应的都是这种茶。因此，茉莉花茶也被笑称之为"劳保茶"（国家免费提供的、用以工人劳动保护的茶）。20世纪90年代以后，随着经济体制改革、市场经济推进，各种高质量茶占领了市场，茉莉花茶跌入低谷。痛定思痛，在当地政府的协助下，以春伦茶业集团为龙头的福州茉莉花茶厂商们，经过共同努力，改进工艺，成功研发出以新茶的嫩芽或茶芯等为茶坯的茉莉花茶系列产品，在茶领域重占一席之地。2011年，福州荣膺"世界茉莉花茶发源地"称号；2012年，福州茉莉花茶被国际茶叶委员会授予世界名茶称号；2014年，福州茉莉花茶与茶文化系统荣获"全球重点农业文化遗产"称号。

由绿茶新茶嫩芽制作的茉莉花茶，汤色是嫩绿色，黄而明亮，用绿茶的茶芯制作的茉莉花茶，汤色则浅绿淡黄，茶味都是花香中带着些许茶叶的鲜爽和甘甜。在沸水的冲泡下，龙井茶般扁平的叶片，如绿精灵般上下飞舞，然后，又在杯中树立成为一片寂静的森林，最后飘然而下，静卧在杯底，如同一片宁静的绿草地。若用的是新茶，茶香通过花香，更形成了亦茶亦花、非茶非花的独特的香韵。相较于目前因畅销而导致本地花不足，取而代之，以广西茉莉花窨制的茉莉花茶的浓郁，我更喜欢用福州本地茉莉花窨制的茉莉花茶茶香的清雅柔绵。两者相比，福州茉莉花茶如中国古代仕女，月下清风，低吟浅唱；广西茉莉花茶如西方当代辣妹，一身劲爆的比基尼登台，未及细看，便已狂舞，令人头晕目眩。当然，网上也有盛赞以广西茉莉花所制的茉莉花茶。这当是民谚所谓，萝卜青菜，各有所爱吧。

　　与绿茶相比，因有花香，茉莉花茶提神醒脑的功能要强一些。也因这亦茶亦花、非茶非花的茶香味对我的晕车有独特的疗效，福州茉莉花茶也就成为我长途旅行中的一个必备之物。在晕车后泡上一杯茉莉花茶，轻啜慢饮，晕感渐消，倦意渐消，神清气爽，活力复现。

　　在茉莉花茶的清新中，我常感念福州人在茉莉花茶的诞生和复兴中的功不可没，感叹人类的创造力。所谓"置之死地而后生"，人的潜力无限，当被逼入绝境时，这一潜力就会迸发出来，成为无穷的创新力。

当西湖龙井茶进入菜谱

西湖龙井茶是一种茶品，它以其特有的清雅成为一大中国名茶；西湖龙井茶是一件艺术品，它以多维的展示给人以美的享受；西湖龙井茶是一种想象力，它以无限的思维能量穿行于历史，穿行于现实、穿行于文化、穿行于社会、穿行于日常生活之中。

龙井虾仁无疑是西湖龙井茶的想象力穿行于日常生活的产物。龙井虾仁是杭州著名饭店"楼外楼"菜馆的一大经典传统名菜。其用产自西湖的湖虾剥壳取仁，佐以西湖龙井茶叶烹制而成，色如白玉点翠，味为清淡雅致之鲜，香似春江畔竹林中的清新，食者食后皆赞，名扬天下。西湖龙井茶的与清炒虾仁的这一联合，其翠绿的茶色为纯白单一的虾仁增添了灵动清丽，以其鲜爽回甘的茶味作为湖鲜的虾仁扩展了鲜味的维度，以其特有的茶香弱化了虾仁的腥味，并产生了茶香加虾香的茶虾香味。由此，正是借助西湖龙井茶特有的色、香、味，龙井虾仁形成了自己特有的菜肴特色，建立了自己特有的菜品地位。

对于龙井虾仁这道菜，餐饮指南上经常介绍的是虾仁如何美味，食者大多也以品尝虾仁为主，不少人还会将其中的茶叶弃之一旁，而我作为食者中的少数乃至例外者，更喜欢品尝龙井虾仁中的龙井茶叶，觉得美味无比，甚于虾仁，至少与虾仁相比，别有一种鲜美在其中。龙井虾仁中的虾仁是清雅的湖虾鲜味和香味，夹着淡雅的龙井茶叶的鲜味和香味，茶叶中的鞣质物质又使得松软的虾仁有了微微弹性，鲜香在咀嚼中弥漫整个口腔舌蕾。而龙井虾仁中的茶叶是以淡雅的龙井茶香为主味，辅以湖虾的鲜香，加上勾芡的调和，入口便是满嘴的清香柔糯鲜滑，别有一种江南的风情和风味。所以，当一盘龙井虾仁上桌，当别人都在筷子上长眼睛似地专注于虾仁时，我更多地是将筷子伸向龙井茶叶，乐享其味。

当然，这龙井虾仁须是西湖中的活虾所剥的虾仁和西湖龙井茶叶一起烹制才是正宗，才有这道菜肴特有的鲜味、香味和口感，以及特有的意韵。以其他虾仁，如目前常见的海虾代之，或以其他茶叶，如目前常见的以浙江龙井的茶叶代之的，皆徒有虚名，难有其真味了。

受龙井虾仁之启发，近年来喜欢喝粥的我在2016年独创了一款私房粥品：龙井茶粥。这款粥的烧煮十分简单，在煮粥的米中酌情加入龙井茶共煮而成。粥成后，绿色的茶叶点缀在白色的粥中，米香和着茶香，粥的润滑带着茶的丝丝回甘和茶叶的清香，真是赏心悦目、沁人心脾、回味无穷。当然，这煮粥的米以江南珍珠米、东北大米之类煮粥的米为最佳。不能用泰国香米、黑糯米之类有香味或有色米，以免影响了龙井茶粥特有的色泽、香气和味道。而所用茶叶也以西湖龙井为最佳，余者或在色香味之某一方面次之，或在色香味各方面均次之。

曾用其他茶类，如铁观音、岩茶试煮过茶粥，均不如西湖龙井茶。原来茶类也有专攻之领域：就像煮茶叶蛋的茶叶，无论是绿茶，即使是西湖龙井；还是红茶，即使是正山小种；亦或黑茶，即使是安化黑茶，都不如武夷岩茶，能使茶叶蛋的色香味达到顶峰，茶粥看来也当以西湖龙井茶粥为最佳了。

龙井茶原本用来冲饮成饮品，当它成为一种食材，烹饪食物时，食客们有福了，厨师以及主妇主夫们的用武之地也拓展了。用小女人之心态写下这些文字，期待着更多的美味茶食物。

防风茶

　　小时候喝过一种茶，是用炭火烘焙的咸咸的青毛豆、陈皮丝、山芝麻和绿茶一起冲泡而成，有一种特殊的咸香味。而与其他一般喝茶方式不同，这款茶泡水喝过后，还要把剩下的泡茶之物全部吃掉，即喝茶加吃茶，那烘青豆、陈皮、山芝麻、茶叶在嘴里嚼着，炭香、豆香、桔香、芝麻香、茶香融合、纠缠在一起，真是千香百味，令人难忘。大人说，这叫青豆茶。这茶的千香百味，加上烘青豆可以当零食，在那个食物匮乏的年代，我记住了这种茶的名称。

　　大学毕业参加工作后，到浙江德清县出差，下乡调查时，在农民家又喝到了这款茶，当地人告诉我，这款茶名叫"防风茶"，而与"防风茶"相关联的是一个流传久远的悲壮故事。

　　相传在尧、舜时期，德清一带是海侵地区，洪涝严重。后来，大禹治水，改堵为疏，洪涝灾害减轻，大禹会集各地部落首领于今日绍兴。地处今日德清的防风氏的首领防风，因当地恰遇大雨，又现洪涝，等他率众排水后赶去会稽之地，已逾期，大禹因防风迟到而杀了他。德清人民感恩防风，怀念防风，便为防风修建祭祀之处，并将当时防风为抗洪涝的民众制作的御寒、通气、解乏、消渴、防饥的饮品命名为"防风茶"。防风茶流传至今，成为当地接待贵客的好茶。在德清当地，至今留有防风洞遗址，而"长子防风"（据说防风腿很长，个子很高，德清土语，将高个子称为长（cháng）子），也是久久流传的民间故事。

大禹是中国历史上的一位圣主，大禹治水成为中国历史上的一段佳话。而防风茶就如此证明着这位圣主在从事伟大事业时制造的一个冤案，让这段佳话多了一个瑕疵，书写了一种另类的历史。于是，品着防风茶，就像在阅读一本被重新书写的史书。

事实上，品饮防风茶是德清特有的一种民俗，尤其在妇女中。妇女们闲来会邀三五个女伴一起喝喝防风茶；各家的防风茶新茶制成，村中主妇们也会聚在一起来个斗茶会。这类聚会和斗茶会男人们是不得参加的，妇女们聚在一起，喝着防风茶，聊着感兴趣的话题，交流各自的信息和心得，开心一整天。就这样，防风茶也为妇女，尤其是旧时代被禁锢于家中的妇女开辟了一个参与社会和社会交往的空间，创建了一种以茶会友的"女人之茶事"。

喝着防风茶，我突然认识到，茶也可以成为揭秘圣主错误的叙述者和另一种历史的书写者。而茶对妇女生活空间的扩展和在公共空间中的生活方式的建树所做的贡献，又是如此历史悠久、影响深远。由此，以茶为切入点，可以重新撰写历史书，包括政治、经济、

茶生活

社会、文化、军事等在内的专门史乃至通史以及妇女史，包括中国妇女史与外国妇女史。

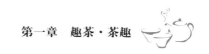

黑茶：远在他乡的漂泊

就黑茶这一茶类而言，它包括了湖南黑茶、湖北老青茶、四川边茶、广西六堡茶、重庆沱茶、云南普洱茶等诸多分类；而就茶品名而言，"黑茶"指的就是湖南黑茶。从古至今，湖南黑茶中又以安化黑茶最具盛名。

安化黑茶产于湖南安化县一带，始于明代，至今已有五百多年的历史。安化黑茶为安化黑毛茶的较粗老的鲜叶经杀青、初揉、渥堆、复揉、焙火等工序后制成。在古代，安化黑毛茶大多由官府管控，称"官茶"，采摘的青叶初加工后装篓运往陕西泾阳，在泾阳再加工后压制成称为"茯砖茶"的砖茶，经长途跋涉，销往藏区、蒙区，以茶交易当地的良马。因此，黑茶在历史上主要是供应给游牧民族，是以肉食为主的游牧民日常生活中常备的茶品。

至清代，为运输方便，出现了用竹篾成卷状包装的"花卷茶"。因其每卷为旧秤 1000 两，旧时又称"千两茶"，这一名称流传至今。

而随着官禁的松弛，在安化、益阳等地也出现了黑砖茶、花砖茶、茯砖茶等黑茶茶品。于是，安化黑茶成为原料产于湖南，主要制作地在湖南的湖南名茶，直至成为黑茶的代表作。

黑茶是重发酵茶，在风吹雨淋日晒霜打的长途运输中，在长途运输的不断颠簸中，又经历了后发酵。于是，在黑茶茶砖，尤其是被紧致捆压的花卷茶和被紧致压制的茯茶砖中，会有一种学名叫做"冠突曲霉"的微生物繁殖生长。这种微生物肉眼可见，呈金黄色，故民间又称"金花菌"或"金花"。它的代谢物具有消食、降脂、减肥等多种功能，有助于人的身体健康。所以，在高血压、高血脂已成为常见病、减肥成为人们普遍需求的今天，黑茶也司空见惯地出现在内陆和沿海地区人们的茶桌上了。

作为重发酵加后发酵茶，安化黑茶茶汤醇厚饱满、柔润、有微微的回甘；茶香为陈茶香，如用松枝烘焙，则陈茶香中带有松烟香，

闻之如入野山松林之中，心旷神怡；汤色是橘红色。与同为黑茶类的云南普洱茶常见的带着亮光的橙红或橙黄的汤色，如贵妇身着华丽的绸衣缎袍在灯光下闪亮登场不同，安化黑茶橘红色的汤色是亚光的，即使在灯光下也不耀眼，静静地一泓，如

一位历经沧桑的老人，静春闲冬，宁夏淡秋。黑茶的茶底也是郁郁的黑色。我与它两两相望，常常会想到它的前世今生，它的千里迢迢远行。这也是远离家乡的游子啊！在漫漫行程中，在远离故乡的他乡里，在他乡八月十五中秋的月光下，它也会想起家乡，想起家乡的潺潺流水、萧萧秋风，想起村中唱着山歌上山采茶的辣妹子吗？

黑郁郁的黑茶，黑郁郁的沧桑，黑郁郁的思念，黑郁郁的忧伤。黑茶让我想起我的父母。我的父亲是山东汶上人，1937 年走出家乡参加八路军抗日，南征北战，1949 年南下，一路打到浙江遂昌，然后回杭州，从部队转业、定居。我的母亲是江苏溧阳人，20 来岁去上海求学、求职，以企业会计的身份成为当时少见的职业女性，而在思想上也是当时时代先锋式的"新女性"。30 多岁时，她被派到老板在杭州新买的棉纺厂（杭州市第一棉纺厂前身）工作，从此定居杭州。我的父母都是在 20 多岁离开家乡后就一直没有回过家乡，虽他们一直想回家乡看看，但因种种原因都未能成行，回家就只能是他们心中永远的梦，甚至永远的痛。尤其是我的父亲，临终前给从家乡来的我的堂哥留下的遗言是"把我的骨灰带回山东"，他去世后才回到了日夜思念的家乡。

再往前看，我父亲所在的王氏家族的祖居地是山西。在明朝永乐年间被迁居至山东。"要问家乡在何处，山西洪洞大槐树"，这是中国人口迁移史中的名言，也是我在山东老家的堂兄念及祖先时常说的一句话。2012 年，我趁去山西师大讲学之机，去了洪洞县大槐树纪念馆，在那里看到了祖先从山西洪洞县大槐树下集结后迁移至山东汶上的路线图。跪在代表迁移的王氏家族的祖先牌位前，想起六百多年前不忍离家，一步一回头，拖家带口，风吹雨淋，日晒霜打，在官兵皮鞭鞭打下，被迫走向他乡的男男女女、老老少少，不觉泪流满面。离开山西在山东汶上定居的王氏家族一直续写着自己这一支系（王氏三支）的族谱，这是王家的根，永远的根。然而这又何尝不是王家的痛，永远的痛？

终于明白了我为什么总有一种漂泊感，一种走在回家的路上却不知道家在何方的深深的漂泊感，一种永远找不到村口那棵大槐树的刻骨铭心的无归宿感。作为王家三支系的后代，祖先们在离开大槐树时产生的漂泊感，已成为一种家族基因存在于我的血液中，即使身居高楼大厦，即使锦衣玉食，即使事业有所成就，即使有了温暖的家庭，可没有村口的那棵老槐树，就是人在他乡，就是客居他乡的游子。然而，对于生在他乡，长在他乡，已习惯于他乡生活的我来说，山西洪洞乃至山东汶上只是基因故乡或文化故乡，我已适应他乡（杭州）的生活，难回故乡了。就像我做反对拐卖妇女儿童项目时，访谈的不少被拐卖后已婚生育的妇女，她们或因已成婚生育，或因已习惯了在流入地的生活，或因回家乡后会遇到的生存困境，从而难以回家，回不了家，有的甚至不愿被解救回家。于是，她们成为回不了家的游子，心中是永远的漂泊。

黑茶，我们命运何其相似，我们都是回不了家乡的游子，家乡是我们永远的痛和永远的梦。在这寒冷的冬日的午后，让我们融化在一起，相诉回乡的梦。

妙趣无穷的少数民族茶饮

中国有 55 个少数民族，云南是聚居的少数民族最多的省份。在云南进行基线调查、项目培训、学术考察、课题调研时，我有幸喝到一些少数民族茶饮。这些与汉民族茶饮迥然不同的少数民族茶饮，可谓是奇妙无穷、趣味无穷。

在被称为"世界上最古老的茶农"的德昂族农家，主人泡上在竹筒中储存的茶叶，请我们喝。这一"竹筒茶"茶叶清香带着竹子的清香，夹着一丝竹子特有的清甜，意境清幽而柔美。记得当时已是夏天，时近中午，艳阳高照，简陋的农家无任何降温设施，但一杯茶入口，便有竹林的清幽之感，三杯入腹，燥热渐消，身上似有竹林清风夹着阵阵茶香，习习吹拂。

在布依族村寨，我们喝到了具有布依族特色的打油茶。主人将黄豆、糯米、芝麻等在油锅中炒熟后捣碎放入碗中，再把茶叶用油炒至出香味后，加入清水、姜、盐、葱等煮沸去渣，将水冲入盛放上述辅料的碗中，接着，一碗热气腾腾、香味扑鼻、味道鲜美、油汪汪的打油茶便呈现我们的面前。这打油茶是连喝带吃的，一大碗入腹，同行的项目组成员大多就吃不下午饭了。

在拉祜族的竹屋，主人是将泡茶的陶罐放在火塘上烤热，然后放入茶叶边抖动边烤，直到茶叶有焦香味飘出，再冲入开水。随着水与陶罐接触发出响亮的"哧啦"声，焦香的茶味四溢。将浮沫撇净，再加上开水煮沸，主人倒出少许尝试茶味适宜后，我们便喝上了拉祜族烤茶。这烤茶茶汤黑黄、焦香浓郁、茶味强烈，略苦但十分提神。据说拉祜族人每天都要喝上五、六碗，神清气爽，精神倍增。

进入布朗族山民家中，入座后，主人便在我们面前放上了一只只直接从新鲜毛竹上锯下的竹节杯，这杯子只在口沿上加以修整使之光滑，此外没做任何加工。然后，在杯中置入已预先在火上烤热的鹅卵石，一阵竹子的清香扑鼻而来；接着，在热热的鹅卵石上放上茶叶，茶叶的清香便在屋中扩散开来；再接下来，滚沸的山泉水冲入杯中，略有焦香的茶香带着青竹的清香，以及鹅卵石清冽的石头气味便将人包裹起来。而茶水入口，略略烤炙后的绿茶使茶水增添了几分厚度，有了质感，而烤茶又有些许碳香的苦味；青竹的丝丝柔甜夹着砂石质鹅卵石泡出的水的硬朗，又苦又甜，又软又硬，又清扬又厚实的茶味，真有一种十分奇妙的茶之体验。

傣族的糯米香茶据说由绿茶与炒熟的糯米一起窨制而成，制成后又放入竹筒中贮藏，待喝时取出冲泡。与拉祜族烤茶具有的历史沧桑感不同，尽管傣族的糯米香茶也是历史悠久的传统茶品，但给人的是一种曼妙少女的茶感。茶水是茶香带着糯米饭的饭香，回甘中糯米饭香夹着竹子的清香，一茶入口，整个身心沉入香糯清甘之中。坐在傣家的竹楼中，喝着糯米香茶，望着窗外摇曳的竹枝，听着软绵的傣语，心中只剩下四个字：温柔之乡。

相较于其他少数民族茶饮，白族的"三道茶"更像是一位诲人不倦的哲人，谆谆告诉我们人生的哲理。白族的"三道茶"中的第一道茶是烤茶。因陶罐中的茶叶被烤炙得十分焦脆，开水冲入后发出的爆裂声较其他烤茶响亮，白族烤茶又被称为"轰天雷"。这烤茶的茶汤色泽浓黑，焦香强烈，茶味颇苦，故名"苦茶"。第二道茶是用略烤炙的茶叶冲泡的茶水，注入盛有乳扇、桂皮、红糖的茶碗中，搅拌后制成的"甜茶"。甜茶中的乳扇是将薄薄的奶酪在文火上烤制而成，所以甜茶又有着浓浓奶香。第三道茶是用略烤炙的茶叶冲泡的茶水，注入盛有蜂蜜、核桃仁、米花、花椒的茶碗中，汤水香柔甜蜜中带有浓烈的麻辣，令人精神一振，故名"回味茶"。这三道茶，头道苦茶令人苦涩难耐，第二道甜茶使人感到香甜无比，第三道回味茶让人回味已经历过的各种酸甜苦辣，所以，白族人称这三道茶为：先苦后甜再回味，走好人生路。

与社会行动和社科研究相伴随的在少数民族地区喝当地少数民族的茶饮，是我一生中宝贵的经历，让我获得了不一样的生活乐趣，拓展了视野，丰富了知识，增长了学识，增添了学术研究与社会行动能力，进一步认识到少数民族文化的重要价值，明晰了民族的生态性存在和发展的必要性和重大意义。而这是在书斋中或大学、社科院之类的"象牙塔"里，即使是喝着少数民族朋友送的少数民族茶品，也难以体验和感悟的。

故而，当得知彝族在陶罐中制作的"腌茶"，布朗族在竹筒中制作的"酸茶"，基诺族用搓揉后的青茶叶配以酸笋、野菜、土蚂蚁制作的"凉拌茶"等等云南少数民族其他特色的茶品后，我便一直盼望着再次走进少数民族山寨，与这些奇妙的少数民族茶品相遇、相识与相知。翘首期待中……

笑意盈盈外国茶

在我的茶柜中有一些外国茶，品种不多，每种茶的数量也不多，有的只有四、五杯可泡，但只要看到它们，我的心中就会涌上一股暖流，不尽的开心从弯弯上翘的嘴角溢出。

其中，一盒套装罐茶是儿子从香港买来送我的英国原产绿茶。这是成立于 1707 年的福特纳姆和玛森（Fortnum & Mason）公司生产的系列茶。茶盒是粉绿色的，底色衬着中国式莲叶缠枝、梅花瓣和水波三叶草图案与花纹，盒盖上，很立体地印着中国化的英国贵族式的青花托底茶碗，盒内装着三罐分别为 25 克的名为绿茶（green tea）实为调味茶的格雷伯爵经典绿茶、薰衣草绿茶、茉莉花绿茶。格雷伯爵经典绿茶，有着伯爵红茶特有的佛手柑的香味，清爽怡人。据说，伯爵红茶原本与其他红茶无异，只是在一次货运英国途中，同装一船的佛手柑油油桶破裂，佛手柑油漏了出来，渗入旁边的红茶包装中，这红茶便有了特别的佛手柑香味，而这香味又受到英国

茶生活

上流社会的喜好，于是，佛手柑香就成为英国的经典伯爵红茶，甚至是伯爵茶系列的一种标志性特色。与伯爵绿茶的英国腔调相比，茉莉花绿茶是具有中国特色的茶，它是白墙黛瓦、小桥流水，是白衣翩跹的少年才俊与温文尔雅的清丽少女在春日繁花中穿行而过。只是这款茉莉花绿茶用的茉莉花似乎不是福州的茉莉花，多了热带地区的热烈、亚热带地区的浓郁，少了中国文化特有的雅致和中国江南一带的婉约。喝着这茶就有了一种在夏威夷海滩看土风草裙舞的感觉，倒也别具一格。不同于伯爵绿茶的英国贵族风格和茉莉花绿茶的海岛土风舞意境，薰衣草绿茶送来的是法国式的浪漫。温柔的馨香带着幽幽的甘甜，令人迷醉。薰衣草香曾是典雅而贵族化的，如今在国内，则是因流行而通俗化了。在洗面奶和沐浴液里，在SPA馆里，在枕头、被子之类的寝具中，到处飘散着薰衣草的香气。它从贵族的衣间发上滑落到民间，穿行在大街小巷，夹在饭香、菜香、酒香之中，融化为一种百姓日常生活之气息。并且，由于曾有的贵族背景和被赋予的法国式浪漫意义，薰衣草在国人心中仍被作为一种优雅生活的标志而受到追捧。于是，薰衣草香在中国已不免陷入庸俗。好在目前这"庸"还只是平庸的"庸"，"俗"还只是世俗的"俗"，平庸而世俗的生活可以是简单、平凡而快乐的生活。比如，捧一杯薰衣草花茶，轻轻啜一口，然后拍一组照片发在微信朋友圈里，显摆一下自己法国式的优雅与浪漫的生活。

那款用绿色盒子包装的加拿大薄荷绿茶是加拿大多伦多大学熊秉纯教授从加拿大带来送我的。在2002年后的两、三年时间里，不知怎的，我一下子喜欢上了薄荷绿茶。夏天喝上一杯薄荷凉茶，清心醒脑，去暑退火。尤其是在昏昏欲睡又不得不赶写论文的午后，喝上一杯冷却的薄荷凉茶，人顿时清爽起来，文思不再阻滞。冬天喝一杯薄荷热茶，腹中暖暖的，头脑清醒的，口中清新的，有一种十分奇妙的感觉。尤其是加了白糖的薄荷热茶，是一种儿时吃过的桉叶糖的味道。那种用绿色的纸外壳套着的一小条十颗棕黄色的三角形硬糖，是儿时最喜爱的一种糖果，也是家中的奢侈品，往往是逢年过节才买上一条，被我如宝贝般珍藏起来，高兴时吃上一颗，双喜临门似地开心一整天。喝着薄荷热茶，就会有一种童年的快乐感觉，简单而纯粹。于是，思路就愈加清晰起来。当时我在多伦多大学参加培训时，熊教授知道了我的这一喜好。后来，她来中国讲学，就特地给我带来了两盒加拿大产的薄荷绿茶。与中国产的薄荷绿茶相比，加拿大薄荷绿茶的薄荷味更纯、更清凉，薄荷味代替了茶味成为了主味。也许是潜意识的作用吧，这薄荷绿茶我最后没喝完，留下了一小包，被我一直放在茶柜里。看见它，就会想起那喝着薄荷茶疯狂赶稿的日子，想起熊秉纯教授那睿智谦和的笑容。

那装在印着憨憨的树袋熊（考拉）的绿色盒子里的茶是大学同学徐明从澳大利亚带来送我的绿茶（green tea）。大概是外国人的习惯吧，这绿茶也被制成了碎茶，要用泡红茶的茶具才能冲饮。为此，我还特地去买了一把内有滤杯的玻璃制红茶冲泡壶。这一款澳大利亚绿碎茶，如果说它是绿茶，那它比在中国买的绿茶色浓、味浓，但无绿茶的清香；如果说它是红茶，那它比国外产的红茶色淡、味淡，亦无红茶之醇香，可以说是一种介于中国绿茶和国外红茶之间的那种色、香、味。相较于这款茶品，我更喜欢这装茶的小瓷罐，圆圆的、粉绿色的带盖小茶罐，盈盈一握，玲珑可爱，把玩于手中，如珠润玉圆。徐明知我喜茶，第一次去澳大利亚旅游便给我带回这款茶。其理由之一是：不管好坏，这是你没喝过的澳大利亚茶；理由之二是：虽然这款茶也许不怎么样，但这小茶罐太可爱。对此，我真不知该说英雄所见略同，还是英雌所见略同。每每与茶罐两两相望，总不免芜尔一笑。

那个原木盒装的绿茶套装为日本原产，是中国人民大学沙莲香教授转赠的，来自日本京都大学一位女教授送给她的礼物。原木盒不加任何油漆与修饰，米色的原木色泽柔和而安详。看着它，才知道什么是简单的精致、平凡的奢华；什么叫做工匠精神。木盒内的两个扁平圆盒一装蒸青、一装炒青，中间的空格中半格子小小的硬糖块，粉红、粉绿、粉黄，如春天的田野，朱朱粉粉，如陌上花开。因制茶工艺、饮茶习惯的变化，加上商业化的冲击，制作成本较大的蒸青绿茶在中国国内已不多见。蒸绿茶青叶曾是中国古代绿茶制作工艺中的一道工序。蒸过的青叶经捣杵、拍压、列晾、烘焙后成绿茶团饼。其中，通过茶模印出龙凤图案的，就是朝贡皇室的龙团凤饼贡茶。至明代后，蒸青团饼便渐渐减少，由散茶炒制的炒青逐渐增多。到今天，蒸青更为少见，绿茶几成炒青的一统天下。与蒸青不同，炒青是将绿茶青叶在锅中直接炒制（杀青）而成。这一炒制过去是茶农们用手炒，现在则大多以机器代替手工。而蒸青也一样，过去传统的制法是用木制或陶制的甑进行蒸制（杀青），现在基本也用机器蒸制了。对于喝惯了西湖龙井的我来说，日本的炒青涩味较重，回甘不足，清雅不足。相比西湖龙井的淡雅君子之风，这款日本炒青更像佩着长刀纠纠而来的日本武士。相比较之下，这款蒸青茶色淡绿，茶香清纯，略有回甘，茶味悠长。也许正是这"蒸青"的名称吧，用紫砂壶泡一壶蒸青茶，慢慢地回味这日本茶茶韵，闲闲地吃一颗如陌上花开的茶糖（后来才知道，吃糖可减弱喝茶容易引发的饥饿感，故而糖可为一种茶伴侣），就会遥想起大唐的长安，一批一批的日本遣唐使行走在繁华的朱雀大道上……

玻璃瓶子里褐红色的碎茶是我从土耳其买来的土耳其红茶。2007年我随团去土耳其进行学术考察，在伊斯坦布尔，抽空去了当地著名的大巴扎。大巴扎就是大集市，就是贸易市场。大巴扎内店铺林立，各家都把商品一直铺陈到门口的过道上，中间只剩一条窄道供行人步行。一路走过，商户的叫卖声不绝于耳，不时有不知是店主人还是店伙计来到路中间，迎着我们，介绍店中的物品。不知为何，各家的货物品种大同小异，也没有特别想购买的，所以，已走过三分之二的店铺，我们仍是两手空空。忽然，有一个男人跳跃到我们面前，黑黑的面庞，中等身材，穿着藏青色的服装，一双眼睛闪着狡黠的光，脸上是见到亲人般的喜乐，一种我们从《一千零一夜》故事中得到的典型的阿拉伯商人的形象。他对着我们用中文大叫"中国""中国""李小龙""李小龙"，我们不禁大笑，停了下来。见我们停下，他马上指着他的店铺又大叫"李小龙"，我们转头向右边看去，果然，一张李小龙的电影海报摆放在他家货物的中间。他边说边画虎似犬地来了三、四招"中国功夫"，然后一通土耳其话后，又用中文大叫"我爱中国！"翻译说，这个店主人说他去过中国，喜欢中国功夫，李小龙是他的偶像。我们于是又开怀大笑。好吧，无论如何，作为中国人，在国外听到外国人说"我爱中国"，总是一件高兴和自豪的事情。于是，我们一行七人都在他家的店里买了别家都有的土耳其特产，我买的就是土耳其红茶。这土耳其红茶需煮饮，茶汤色泽如夜色下盛开的深红色的玫瑰，有一种阿拉伯美妇般的奇幻美艳，茶汤味也较醇厚。但茶香颇淡，适合加牛奶和糖成奶茶饮用。我想应该就是这茶香浓淡的差异吧，所以香气馥郁且各有特色的中国红茶更适宜单品冲泡品饮。而茶香不突显且无特点的诸多外国红茶，包括据说世界销量第一的英国立顿红茶，更适宜添加其他食材，如牛奶、糖之类，制成调味茶或风味茶饮之。这土耳其红茶不太合我的口味，喝了几次后就一直搁置在茶柜中。然而，看见它，我就会开心地想起那位边耍着他认为的"中国功夫"，边用土耳其腔的中文高喊"我爱中国"的土耳其商人，而当这茶成为十年以上的陈茶时，也许会别有茶味。

土耳其红茶旁边是来自肯尼亚的凯瑞乔·高德（Kericho Gold）牌红茶。墨绿色外壳上印着一远一近两只欧式盘龙茶杯，杯中漾着金黄色的茶水，有一种英属非洲殖民地贵族的优雅。虽是袋泡茶，却也别有风味。如包装盒图案所示，该茶汤色是暖暖的金黄色，如秋日穿过水杉树林的残阳；茶香似淡幽的玫瑰香夹着些微薄荷的清

新；茶味润而厚，略有涩味，过后有淡淡的回甘。与伯爵红茶的旧式英国贵族感、土耳其红茶的阿拉伯风情不同。肯尼亚红茶如帝国余晖下广袤无垠的非洲大草原，有着丝丝缕缕的英国旧式贵族的优雅与忧伤，更带着非洲大地特有的勃勃生机和无限的生命力。这款肯尼亚红茶是我丈夫的朋友去肯尼亚公务考察回国后送给我的，我当时甚不解，为何他会送茶与我，后来才知道，我喜欢喝茶的名声已传到丈夫的朋友中，于是，我就有了来自非洲的红茶。

有茶自远方来，不亦乐乎？有友送好茶来，不亦乐乎？此亦饮茶之乐也！

第二章

说茶·茶说

茶说·说茶

从说话的角度看，人可以分为两类：说者和听者，其中，就"说"而言，以形式分，包括了语言、身体、行动等；以形态分，包括了严厉、温柔、平淡、沉默等；以手段或方法分，包括了责骂、殴打、命令、指导或指教、劝告、倾诉等；以途径分，包括了口头诉说、书面文字、图像等。就"听"而言，以形式分，包括了耳听、目睹、心领神会等；以形态分，包括了听到、聆听、倾听等；以手段或方法分，包括了知晓、了解、理解、执行等；以途径分，包括了耳提面命等的直接听，以及上情下达、街论巷议、媒体传播等的间接听。凡此种种，不一而足。在讲求等级制的传统社会，说者与听者之间的基本行为模式是：尊者说、卑者听；强者说、弱者听；长者说、幼者听，即上位者说，下位者听。到了今天强调平等的现代社会，尊卑贵贱、强弱长幼等的等级制的疆界被打破，言说和闻听成为人的现代性的重要标志，言说和倾听能力及这一能力的践行与实现，也成为现代人及生活的一个重要组成部分。

事实上，人类作为一种群居性的动物，沟通与交流是生活不可或缺的，这一沟通与交流在传统社会是不平等的、往往是单维单向直线性的，而在现代社会，它转型成为多维多向互为反馈的，并最后成为一种圆形的回馈环圈——在平等基础上，人与人之间相互沟通、相互交流、相互认知、相互理解。

将视野进一步打开。人是自然界万物中的一员，人需要始终不断地与自然界进行沟通与交流。如果我们承认万物生命本体的平等性，不将自己视为高高在上的万物之灵，那么，我们与自然界进行的沟通与交流就应该是平等的相互沟通、交流、认知、理解，形成美好的圆形回馈圈。无论是历史还是当今，无数人的经历告诉我们，只要我们——人类能与自然界其他生命体（包括生物，如植物、动物；非生物，如天空星辰、水、土地、岩石、火等）建立良好的平等关系，我们——人类是能够也可以从自然万物中得到许多知识和经验的，是可以也能够与自然万物互利共生。因为我们——人类毕竟只是自然界万物中的一员，甚至只是微小且飘忽即过的一员。

由此出发，当我们再论及茶时，茶就不只是一种服务于人类的植物和饮品，而是与人类互相平等的一种生命体。这一生命体不仅

是指茶树——作为一种植物的生命体，也是指茶品——作为一种人工制品（茶品和饮品）的生命体。茶制品也是有生命的，也有"生老病死""睡醒忙闲"，也有"喜乐哀愁""悲欢苦乐"，也是一种活生生的生命体。因此，饮茶的过程可以也应该是我们与茶相互认知、相互沟通、相互交流、相互理解的过程。

我说，你说；说你，说我；我听，你听；听你，听我，在相互言说和闻听中，我们进入了茶的世界，茶进入了我们的生活，茶和我们，我们和茶，一起建成了一个大大的茶生活圆形环圈。

安吉白茶：白娘子传奇

安吉白茶是浙江安吉的特产，树种生于安吉、长于安吉，茶品产于安吉。它被冠以"白茶"之名，实属于绿茶，为绿茶中的变异品种。据书载，这一品种曾失传。后在清代，茶农在浙江安吉天荒坪发现了两株"白茶"树，加以培植栽种，产量极少。后经专家考证，这"白茶"就是宋徽宗赵佶所著《大观茶经》中所称赞的那种十分稀少、品质超群的"白茶"。安吉白茶是在2000年后才在安吉大面积种植的，而也只有在安吉的土壤中生长的安吉白茶，才有其特有的、仿佛行走在初春江南竹林中闻到的那种清新雅致的白茶香和清爽宜人的白茶鲜味。

安吉白茶的采摘期很短，一般在每年的3月中旬至4月上旬的20多天中。而其产量也较低，即使在大面积种植的今天，真正生于安吉，长于安吉，制于安吉的安吉白茶，较之其他绿茶茶品，仍属珍稀。所以，它被冠以"珍稀白茶"之名。

在安吉白茶更为珍稀的20世纪90年代，我在安吉农村调查时，有茶农告诉我，安吉白茶必须在中午12点之前采摘，过了中午12点，即使是在采摘期，这"白茶"也就成了"白片"。而在当时，"安吉白片"确实也是安吉茶品中产量较高、销路较好、名声较大的一款茶品。在安吉白茶较为珍稀的近几年，据说很懂安吉白茶的茶友告诉我，安吉白茶在采摘期叶片是淡绿色，几近白色，过了采摘期，随着气温的升高，安吉白茶叶片的绿色也逐渐转深转浓，直到与常见的绿茶的绿色不分上下。所以，在安吉白茶采摘期，采茶人早出晚归，整天忙于采摘茶叶。在我的记忆中，较之今天的安吉白茶，20世纪90年代的安吉白茶的茶水更清淡，茶味更鲜，茶香中春天的气息更清爽和清新，汤色是微微翠色化开在水中，像透明的玻璃，更接近于无色。但不知道这一差异是否与土壤（天荒坪或其他地区）、种植技术（如用农家肥还是化肥）、制作工艺（如手工炒制还是机器炒制）等的变化有关，还是采摘时间不同的结果，只能存疑，期待有机会再次实地调查或请专家论证，获得正确答案了。

制成后的安吉白茶的干茶茶色是浅绿微黄的，有一种清雅之气；茶香是一种春天竹林中的清新的香气，闻之精神一爽；茶水清淡清爽，竹笋的鲜味充盈口中，化作一片鲜爽。喝安吉白茶，如春之雨后竹林漫步，那是一种清雅的意境。

我喜爱安吉白茶，安吉白茶也与我的身体需求相适宜。所以，安吉白茶是我常喝的茶、常品的茶，也是我常常会思之念之的绿茶。

茶生活

忙时，我泡上一杯喝之；闲时，我泡上一杯品之，它为我在庸碌的生活和生活的庸碌中营造出一个属于自己的清雅脱俗的空间。安吉白茶乃至茶渣清爽干净，还可用酱油和麻油凉拌。食之，爽、鲜、微甜，还有清新的茶香，回味无穷。

那次，又是闲来品茶。望着玻璃杯中的安吉白茶在浅翠的茶水中袅袅婷婷地摇曳舞蹈，忽然想到了《白蛇传》中的白娘子，那风吹杨柳般行走在春日西湖断桥上的婀娜身姿。传说白娘子是由白蛇妖修炼成的人。她有人性、有人品，所以，是妖界的人；她的本体仍是妖，有妖气，有妖术，所以，她是人间的妖。她以"非妖"成全自己，以"非人"救人济世，以"非人非妖"的身份和行为书写了一个流芳百世的爱情传奇故事，成为中国古典爱情的一个符号。

与白娘子相似，安吉白茶是绿茶中的变异品种。它的色泽淡浅，氨基酸的含量数倍于绿茶，较绿茶更具清新的芳香和鲜爽的茶味，所以，它是绿茶中的"白茶"；它没有白茶茶类的花香，没有白茶的茶味，以绿茶的制作方法制成，所以，它是白茶中的"绿茶"。它是绿茶，却被冠以"白茶"之名，实为绿茶，许多人把它认作是"白

茶"；它被称为"白茶"，但不在白茶名录之中，知晓者往往指认它只具"白茶"之名。在生命的挣扎中，它以"非绿"在诸多的绿茶中脱颖而出，以"非白"在白茶的疆域中明晰自己的类别定位，以"非白非绿"的品类建树了自己独特的色香味以及茶韵和茶意，成为茶叶大国中珍贵而稀少的"珍稀品种"。

　　无论是白娘子，还是安吉白茶，都以自己的生命和生命历程提示人类，尊重自己、成全自己、成就自己是呈现自我存在以及实现自我存在价值的前提和基础。

　　安吉白茶是茶界的"白娘子"。所以，我想，安吉白茶的茶语当是：白娘子传奇。

越玉兰香茶：松林秋阳

　　越玉兰香茶是位于浙江松阳县的浙江越玉兰茶叶有限公司所产的一款绿茶茶品。茶青来自松阳县本地，因此，也是松阳县的一款茶品。松阳县是位于浙江西部山区的一个小县，长年默默无名，连我这个浙江人也是在上大学时有一位来自松阳县的同学，才知道这一有着唐诗般意境的县名。而且很惭愧，直到今天，我还没去过松阳。听去过那里的朋友说，松阳风光壮美，风景如画，空气清新，民风淳朴，山岙中点缀着无数古村小镇，不少小镇尚未被商业化和旅游"蝗虫们"污染，值得一去再去。

　　越玉兰香茶是一位茶友从松阳带回赠我的，仅一罐，62.5克。他说，在松阳喝过，真的很香。带着对松阳的美好想象，带着对绿茶真的会"很香"的疑问，在2016年秋日某天下午我开饮这香茶。

　　越玉兰香茶的干茶细如眉睫，色为淡墨绿，随着茶袋的剪开，一股带着花香的茶香扑面而来，不禁脱口而出：真的是香茶啊！一位曾任杭州一家著名茶楼经理的泡茶高手曾告诉我，绿茶也要用一道水泡一道茶的沏茶法沏泡，才能得佳茗。获此真知后，凡品绿茶，我也如品武夷岩茶或铁观音般，用盖杯或带滤茶内胆的泡茶杯沏泡，品越玉兰香茶亦如此。以泡绿茶时的惯用手法，用手撮出一撮茶叶放入盖杯中。在放的过程中，忽然想到，都说浙江人饮食精细，茶文化深厚，其实，在品饮茶这件事上，真还不如福建人。就说入茶量吧，福建人以精确的"克"来计量，茶电子秤甚至已成为今天品饮岩茶需备的"喝茶工具"之一。而浙江人品饮茶，至今仍以手感来大致估算入茶量，一撮或一把。这难免有多有少的入茶量，也难免对茶水的色香味产生影响，因此每款茶品的茶感、茶韵和意境也就难免模糊，难以明晰了。此乃题外话，也许值得专文探讨。

　　干茶入杯后，将沸水冷却至摄氏 98 度的开水注入杯中，瞬间，一团似夏末初秋，林中百花盛开茶靡时，将谢未谢的繁花浓香带着缕缕清新的松树之香，迅速在室内弥漫，惊讶中，一股茶叶之香穿过鼻腔直入大脑，不觉浑身一震，似乎被这强烈袭人的香气电击了一般。出汤，茶汤色如山中倒映着绿绿的森林和暖暖的秋阳的小溪，淡淡的青绿上闪着亮亮的明黄，亮亮的明黄中流淌着淡淡的青绿。茶水入口即有微甜、平滑且略有厚度，饮后满口光滑清爽，犹如尚未被资本侵蚀的山民，不加修饰、不含丝毫功利的朴实的笑容。这入口即化的植物的清甜和特有的醇厚，是绿茶中少见的，由于茶味的厚度，我将这款茶品的汤水称为"茶汤"而非"茶水"。三杯入腹，这越玉兰香茶便铭记我的茶忆之中了。

茶生活

  不由得将越玉兰香茶与同产于浙江、早已驰名中外的、被认为是中国绿茶经典之作的西湖龙井作一比较。如果说西湖龙井如碧湖春柳，那么，越玉兰香茶就如松林秋阳；如果说西湖龙井有一种美女西施般的秀美，那么，越玉兰香茶就有一种侠女秋瑾的豪气；如果说西湖龙井似君子温文清雅地浅含微笑，那么，越玉兰香茶则似山民纯朴灿烂地开怀大笑；如果说西湖龙井可伴小楼蕉窗吟月，那么，越玉兰香茶可随跃马大漠挥戈；如果说西湖龙井可以增文思，那么，越玉兰香茶就可以添豪情。宋代有人评说，柳永的词，只合十七、八岁女郎，执红牙板，歌："杨柳岸，晓风残月"；苏东坡的词，须关东大汉，拨铜琵琶、铁绰板，唱："大江东去，浪淘尽，千古风流人物"。西湖龙井与越玉兰香茶相比，其茶韵与茶之意境，亦如柳永词与东坡词的差异。

  我的舅舅蒋星煜先生是著名的中国戏曲史专家，曾与我谈起过20世纪50年代他到浙东山区进行民间戏曲普查的经历。在秋高气爽的夜晚，一张小板凳，与山民一起，坐在白天晒稻谷的空地上。一阵锣鼓声后，苍劲高吭的绍兴大板唱腔划破夜空，四周竹林啸啸，松涛阵阵，仿佛越王勾践一声号令，带着他的复仇之师跃马而出，冲向远方。于是，似乎自己也成为吴越大军中的一员，与戏文一起横刀策马，激战疆场。我想，如果在松阳山岙古朴小村的松林中品一盏越玉兰香茶，那么也会生发这种古之幽思与豪情、进入松林秋阳的唐诗意境吧！

  由此，越玉兰香茶的茶语是：松林秋阳。

武夷星·醉海棠：诗意生活

　　醉海棠是武夷岩茶中的一个小品种，产量极少，制成纯种茶品的更少。2014 年，武夷星茶业有限公司董事长何一心先生送我的，该公司所产武夷岩茶小品种荟萃（共 4 小罐）系列茶品中，有一小罐为醉海棠，共十几克，可泡两次。这罐茶的标签上注明，山场为武夷山自然保护区山中的九龙窠，于 2013 年春天生产。当时，虽不知这醉海棠的茶味，但知其珍贵，所以一直珍藏着、想象着。直到 2016 年秋天，在忍无可忍中开罐品饮。

　　这款醉海棠的干茶茶色是深浓的墨绿色，幽幽的黑色中一闪一闪地晃着暗绿色的油亮。闻之，蜜甜的花草香夹着些微微的酸味，如福州著名的大世界橄榄公司出品的一款甘草梅（茶梅）的香气，这是诸多吃货，尤其是女吃货所喜爱的一种香气。我是吃货，所以，闻到这茶香就喜上心头。

　　沸水入杯，出汤。汤色是武夷岩茶中难得一见的略带棕色的深红色，恰如一丛海棠花落入白色的茶盏之中。这片海棠花的水波虽艳却静，如终年无人问津的野山幽谷中一片花的海洋，风起微澜，让人不知不觉地走入其中，不知不觉地忘了归途。茶汤入口，汤味醇厚绵柔；茶气颇足，两盏入腹，更有融融的暖意充盈全身，有一种酒喝七分令人微醉的惬意。汤中的茶香在口中居然还有绍兴陈年黄酒甜甜、醺醺的酒香，花香带着酒香，酒香带着花香，这醉海棠的汤香幻化出一片旖旎的春光。

　　三盏茶汤入腹，从醉海棠特有的色、香、味，忽然就想到了宋代词人李清照那首著名的《如梦令》词："昨夜雨疏风骤，浓睡不消残酒。试问卷帘人，却道海棠依旧。知否？知否？应是绿肥红瘦。"那在风中飘落的海棠花，当是穿越千年，飞落到我的茶汤之中，化作一盏醉红；那让词人浓睡未消的美酒，当是流淌千年，注入我的

茶盏之中，醉香浓浓。

　　李清照与丈夫情深意笃，那夜，她是与丈夫一起庭中漫步，花间对酌，在欢乐中醉了？还是丈夫在外，只能小窗前独酌，举杯邀明月，对影成三人，在思念中醉了？

　　李清照是词人，在当时就颇有词名。那夜，她是触景生情，如李白斗酒诗百篇，大发词兴后醉了？还是觅得佳句，在开怀畅饮中醉了？

　　李清照虽是女子，却有着一腔豪情。得知强敌入侵，她曾写下："生当作人杰，死亦为鬼雄。至今思项羽，不肯过江东。"一词，惊世骇俗。那夜，她是忧国忧民，以酒浇心中块垒而醉了？还是思救国救民，以酒抒壮志而醉了？

　　不管如何，那夜的醉酒透过后院海棠，在风雨中的绿长红消，化作一首如梦令流传千古。

　　于是，残酒未消慵懒但双眸灵动的宋代女词人，乖巧的卷帘丫环，后院零落一地的海棠花和被大雨洗得碧绿鲜活的海棠叶，便犹如一幅古代仕女图，出现在我的茶盏中，成为武夷星醉海棠的茶境，而让饮者在平凡的生活中活出了诗意。将平凡的生活诗词化，也就是武夷星醉海棠所传达的茶意了。

　　所以，醉海棠的茶语就是：诗意生活。

其云·手工朝阳：奢靡十里洋场夜上海

　　手工朝阳是武夷山其云岩茶有限公司在近几年新推出的一款高档岩茶茶品。作为其云茶业的总监制，武夷山市目前仅有的两位国家非物质文化遗产项目之武夷岩茶制作工艺国家级传承人之一的叶启桐先生，为其云茶品的质量提供了可靠的技术保障。其云茶业的董事长是武夷山岩茶界中为数不多的女性掌门人之一，据说她曾是体育教师，加上叶启桐先生关门弟子的身份，其云的茶品就带上了某种传奇色彩。

　　曾在其云茶业的厂区茶室中品过数款其云茶业的岩茶茶品。其中，印象最深的是手工矮脚乌龙岩茶，其花香袅袅，茶香入汤，茶味温柔，确有"饮茶如饮香水"之感。所以，之后凡念及其云的岩茶茶品，便觉有花香袭来，恍若进入繁花似锦的春天。

　　不出我所料，其云的手工朝阳也是以花香构建茶之意境。据说，"朝阳"是武夷岩茶的一个小品种茶，其云茶业以手工方法制作这款茶，故称"手工朝阳"。手工朝阳的干茶条索细长，色泽墨绿，香气是柔而甜的花香。沸水入杯，汤色是雅致的黄绿色，有一种江南初春时节，陌上绿草初生、河岸柳叶如眉的画面感；茶汤味柔滑而甜，那种甜是入口即甜，不是微涩后化作的回甘；汤香很特别，是我迄今喝过的武夷岩茶中唯一遇到的白兰花的香气，那种长在江南，色如象牙，常被妇人们用铁丝串成并蒂花的形状，衬上一片绿绿的树叶后，挂在衣襟钮扣上的白兰花的浓而雅的香气。茶香与茶汤圆融地联成一体，茶汤入口，满口白兰花香，进而，整个人就沉没于白兰花袭人且宜人的氤氲之中，一种奢靡感慢慢升腾。

这一奢靡不是隋炀帝百艘龙舟挂灯结彩下扬州看昙花式的高贵豪华的奢靡；不是时下一些富二代开着顶级豪车在高速公路上飞飚式的任性狂野的奢靡，而是旧日十里洋场夜上海中，上流社会布尔乔雅（旧时对英文单词bourgeois中文意为"资产阶级"一词的音译词）式的尽享欢乐的奢靡：红红绿绿、闪闪烁烁的霓红灯下是一个纸醉金迷的世界。我仿佛看到烫着长波浪卷发，穿着高跟鞋的妙龄女郎挽着穿着西装革履，手柱文明棍（旧时对手杖的称呼），头发花白的中年男子，一扭一扭地走出先施百货公司的大门，一身香水味引得路人频频回头；美琪大戏院门口停下了数辆黄包车，穿着绸缎旗袍，满身珠光宝气的太太们在老妈子、丫环的搀扶下下了车，互相打着招呼走进戏院，看梅兰芳先生的《贵妃醉酒》；在具有浓烈的法式风情的红房子西餐厅中，穿着洋装的公子小姐们正在举行同学

茶 生活

聚会，香槟酒满场飞，一辆黑色雪佛兰小轿车急驰而来，匆匆停下后，冲下一位穿着西装背心、吊带裤的少年，直奔同学聚会处；百乐门舞厅中，"嘭嚓嚓"的乐声不绝，一曲连着一曲，红男绿女在舞池中勾肩搭背，翩翩起舞，唱得兴起的歌女手拿一杯红酒从舞台上拾级而下，婷婷袅袅地边走边唱："好花不常开，好景不常在。今宵离别后，何日君再来。"街上，小女孩清脆的声音响起："白兰花要哦，白兰花"……

品着其云的手工朝阳，就如同置身于旧时十里洋场夜上海。享受着这一已随岁月而流逝的时髦的奢靡。

被其云手工朝阳的白兰花香气包围着，品一口柔甜香滑的茶汤，一声嗲嗲的吴侬软语在耳边响起：就叫阿拉（吴越语系中对第一人称单数和复数，即"我"和"我们"的自称之一）奢靡十里洋汤夜上海，好哦？

好吧，其云手工朝阳的茶语就叫做：奢靡十里洋场夜上海。

幔亭·肉桂：兄弟之情

幔亭肉桂为武夷山市幔亭岩茶研究所出品，由国家非物质文化遗产项目之武夷岩茶制作工艺的市级传承人（第一批）及省级传承人（第一批）刘宝顺先生所制，也是幔亭茶业的主打产品和品牌产品。据说，因其工艺传统、质量稳定、茶品上乘，该款茶品每年产量不多，主要供给日本岩茶房及国内的老顾客。

幔亭肉桂的干茶浓黑中闪着墨绿，如墨色绿玉上覆着一层幽幽的油光。干茶入杯，醒茶时发出带点脆声的"吭啷吭啷"的茶乐，有点像在山地木步道上行走时的足声的回音。开杯，暮秋林中干燥的草木香气夹着淡淡的木炭香气飘然而出，充盈鼻间。

注入沸水，出汤。汤色是深沉的棕色，给人一种稳定持重的感觉；汤香是浓浓的黑枣香并带着丝丝槐花香。黑枣是在柴灶大锅中蒸后又在灿烂的阳光里晒干的黑枣；槐花是五月阳光下盛开的槐花。所以，带着太阳的光芒和阳光的温暖，还有一种散发着农家的淳朴的无声茶香。汤味醇厚、纯净、绵柔，但入喉如骨鲠在喉，汤落腹中，而骨鲠仍在喉中，于是，嗝声不断。一直将唐代大诗人王维诗句："明月松间照，清泉石上流"作图画观，至此，才以身体的感知切身体会到什么叫做"清泉石上流"——绵柔、醇厚、纯净的茶汤，穿过如被锁喉般坚硬的食道，欢畅地落入腹中。这种感受，在幔亭肉桂中真切得之。

　　与当下不少武夷岩茶制茶人以轻焙火提高香气不同。以传统工艺制作，讲求以中焙火或中高焙火提升岩韵的幔亭肉桂，以岩韵见长。虽然杯盖香、杯底香也保持着肉桂特有的桂皮香，以及随着冲泡次数增加，由桂皮香慢慢转化的兰花香、牛奶香，且香味悠长，

但我认为，幔亭肉桂的最妙处和与众不同之处在于它的独特的岩韵：肉桂所谓的"霸气"显现于幔亭肉桂中的是它的岩韵的"霸气"。借用王维极富美感的诗句，加上一个毫无想象力，但有着农人般淳朴与实在的"帽子"，这一"霸气"的岩韵给我的感觉就是："太阳当空照，清泉石上流"。当然，这"太阳当空照，清泉石上流"

指的是幔亭肉桂茶汤的质感和茶韵。就茶汤温度和入腹后的体感而言，这"清泉"当是"暖泉"亦或"热泉"了。

　　也许正是这特有的岩韵吧，幔亭肉桂茶汤通气、通血、通经络的"三通"功能特别明显，人在品饮过程中不仅嗝声不断，而且三杯茶汤入腹后，更有一团暖意在腹中涌动，继而分为两团，一团一路向上，源源不断地由腹部经胸腔涌入头部；另一团一路向下，源源不断地由腹部经腿部直达足底，全身如浸没在温泉的融融暖意中。五、六杯茶汤入腹后，这两团暖流又融为一股，沿着经络通身行走，血脉或经络的阻滞处不断被打开，暖流的行走逐渐通顺，全身通泰舒畅。

　　幔亭肉桂至少可泡十四、五道水，十四、五道水后还可再煮一、两次。这十五、六杯茶汤入腹后，那种全身温暖如沐春阳、四肢百骸舒畅的感觉真是无可言喻，唯毫无美感地大叹一声：舒服啊！

　　也正是这强烈而温暖的茶感，三杯幔亭肉桂茶汤入腹，便有一种义薄云天的豪气油然而生："岂曰无衣，与子同袍，王子兴师，修我弋予，与子同仇。岂曰无衣，与子同泽。王子兴师，修我矛戟，与子偕作。岂曰无衣，与子同裳。王子兴师，修我甲兵，与子偕行。"《诗经·秦风·无衣》回响在耳边。这是如火火相拥般无声而热烈的兄弟间的战友之情和战友间的兄弟之情，深沉如海，豪情如山；意气相投，休戚与共；经久不衰，老而弥坚。

　　所以，我想，幔亭肉桂的茶语当是：兄弟之情。

青狮岩·老枞水仙：陌上花开

　　青狮岩老枞水仙为武夷山市青狮岩茶厂出品。从茶韵看，该老枞虽不一定为百年老枞，但七、八十年的树龄当是有的，且有正岩的岩韵，不是时下不少以三十至五十年树龄充作的老枞水仙（树龄在 50 年以上）乃至百年老枞的高枞水仙，或以来自外山的青叶制作的"武夷岩茶"，而是真正的、正岩的老枞水仙。

　　青狮岩老枞水仙的干茶色是墨色中透出莹莹的绿光，有一种干桂花的香气。醒茶时发出"沙拉沙拉"的脆响，如西洋乐队中沙铃的乐声。沸水入杯，丹桂的雅香幽幽而出，出汤，汤色为亚光的黄棕色，明亮而不耀眼，是那种温润安宁的古旧的田黄石的黄棕色。将头道茶汤直接出汤至紫砂壶中，留作"再回首"。

　　第二道茶汤汤色黄棕，茶香是丹桂的干桂花香中偶现幽幽的春兰香，汤感滑润柔和，汤味微酸、微涩，回甘快且悠长；冷却后的怀盖香，由桂花香转为棕箬香加红枣香，而怀底香则为红枣香中带着春兰香。

　　第三道茶汤的杯盖香为棕箬香；汤香如秋雨后阳光下桂花林中湿润柔泽的桂花香，枣香转淡；杯底香出现清凉的青苔气息；柔润的茶汤微酸中漾着清淡的甜，涩味减弱。老枞水仙的色、香、味圆融地化在水中，茶气的能量开始展现。茶汤入喉滑入腹中后，一股暖意向上升腾，然后整个背部由微微发热到暖流流动，继而通身温暖，如入惬意的温泉中，如在暖融融的阳光下。这种如浴温泉、如沐春阳的温暖感直至茶后数小时仍通身萦绕。

　　从第四道到第六道汤，汤香中清凉的青苔香渐渐成为主调，桂花香不断减弱；茶汤渐渐转为清淡的植物甜，酸味和涩味不断弱化；汤味仍柔和润滑，入口即化。

　　从第七道到第九道汤，汤色逐步转淡，由黄棕——偏黄的棕色渐渐转为棕黄——偏棕的黄色；汤味渐渐转为青草香，后又转为薄荷香。杯盖香转为青苔香夹着些微桂花香，杯底香则是棕箬香加清凉的青苔香；汤味转薄，但仍甜甘滑润而入口即化。茶汤至此，也可以说是转为茶水。

　　坐杯三分钟后，品第十道茶汤。汤色又转为略淡的黄棕色；汤香是以竹箬的清香为主调，加上薄荷的清新；汤味复醇，微涩无酸，于是入口即现的植物甜中又增添了回甘，甜中有甘，甘中有甜。何谓甘，何谓甜，何谓甘甜相融，至此方知。

第十道汤后再返回品头道汤。再回首中，复见黄棕的茶汤宁静安详，淡雅的丹桂花香充盈口中，正岩茶特有的微酸微涩的茶味在回甘中转为甜中微酸，是年幼时爱吃的话梅糖的味道。而这甜酸中又游走着缕缕植物的鲜味。那种特别的茶鲜是武夷岩茶水仙品种的特有的鲜味，而老枞水仙的鲜味又是如此绵软柔滑且悠长。这茶鲜在头道汤中特别强烈，也许，正是在再回首的比较中，才能如此敏感地分辨出后九道汤中已逐渐淡化了的茶之鲜味吧！

再回首后，茶底加两道茶汤的水量在煮茶壶中煮沸，出汤。汤色是土黄色，汤香是棕箬香，汤味中有浓浓的青苔香，滑润，无厚度，如甘蔗水般清甜，可大口牛饮。茶友笑曰：可装瓶在超市中作茶饮料出售。

品青狮岩老枞水仙完毕，喝一口清水，仍有满口的茶香和茶之甘甜。古代有善歌者唱歌，余音绕梁，三日不绝。青狮岩老枞水仙茶韵的浑厚和悠长，与善歌者有异曲同工的功力，可以比肩而语。

品后观青狮岩老枞水仙茶底，为清一色的老枞水仙，叶片完整，色为黑中显黄或绿；蛤蟆背明显，手感柔而韧，可展开细观；茶汁充盈，茶胶粘滑。可见青狮岩老枞水仙的茶树品种、种植产地、制作工艺均为上品。

品青狮岩老枞水仙，会有一种温暖安详宁静的幸福感，那是一种"陌上花开，可缓缓归来矣"的温情，也是处身在这一温情环绕中的心安。"陌上花开，可缓缓归来矣"是史书记载自吴越国国君钱缪与夫人戴氏之间的一段情话，并在民间的演绎中，一代又一代地流传。据史书记载和民间传说，吴越王钱缪与夫人戴氏情深意笃，相依相恋，相伴相随。在钱缪的戎马生涯中，戴氏一直伴随他南征北战，直至国事安定。两人执手同往国都临安安居。戴氏也是一位孝女，国事安定后，她每年总要抽出一段时间回娘家探望和侍奉年迈的父母。临安离戴氏的娘家并不遥远，但中间隔着一座高山，峰高坡陡路滑，每次钱缪总要在得知戴氏平安到达娘家和见到戴氏平安返回后才能安心。一次，因雨中路滑，戴氏在返程中险遭不测，于是，钱缪为她在山岭险要处装了栏杆。从此，这座岭就被百姓称为"栏杆岭"。而戴氏每次回娘家时，也与钱缪约定归期，在约定日内返回，以免夫君的牵挂。那次，戴氏过了约定的归期还未回来，眼见已春柳吐翠，红红白白的花朵开遍田野，钱缪等得心焦便去信催促，但又担心戴氏急着赶路再遇到危险，便叮嘱她不用着急，慢慢返程即可。于是"陌上花开，可缓缓归来矣"，寥寥十字但满含思念之情和关爱之心的一封家信从临安传递而出，并飞越千年，至今流传。

钱缪对戴氏的爱浓烈而温厚，充满着深深的关怀，如融融的春阳。在这浓厚的温情和关爱中，想必戴氏也有一种"斯人可依，斯人可靠"的完全的心安。而这一丈夫可完全依恋和依靠的心安，即使在当今的现代社会，也是妻子们，包括人格独立和经济独立的妻子们梦寐以求的。作为古代妇女的戴氏能得到这一源自丈夫的安心，真令当今诸多现代妇女羡慕！

茶生活

　　吴越国的国都临安，就是今天的浙江省省会杭州。因这座城市洋溢着爱情的浪漫——中国四大古典爱情故事：《牛郎织女》《许仙与白娘子》（又称白蛇传），《董永与七仙女》（又称《七仙女》），《梁山伯与祝英台》中的两大故事：《白蛇传》《梁山伯与祝英台》的发生地就是杭州；这座城市充盈着爱情的温情——"陌上花开，可缓缓归来矣"在民间口口相传。所以，杭州在今天被称为"爱情之都"。

　　在"爱情之都"暖融融的阳光下，品饮一盏青狮岩老枞水仙，沉浸在温暖安详宁静的幸福之中，是人生可遇而不可求的一大幸事！

　　春阳高照，茶香萦绕，青狮岩老枞水仙告诉我，它的茶语是："陌上花开，缓缓归来"。

大坑口·牛栏坑肉桂：牵手

　　肉桂是当今武夷岩茶中的两大主打产品之一，其中，青叶又以牛栏坑为最佳。而与其他茶类相比，我以为，武夷岩茶的最大特点是"岩骨花香"。所谓"岩骨"，指的是武夷岩茶茶汤醇厚绵柔且内含物质丰富，嚼之如有物，咽之如骨鲠；所谓"花香"，指的是

武夷岩茶的茶香如花香且千变万化。在这两者的交汇点上，从我迄今为止喝过的武夷岩茶看，武夷山大坑口岩茶有限公司出品的牛栏坑肉桂（特 A 极品）是岩骨花香结合得最妙，因而也是最显岩茶之岩骨花香特征的肉桂。大坑口茶业的原掌门人苏炳溪先生是国家非遗项目之大红袍制作工艺第一批市级传承人之一，大坑口茶业在牛栏坑拥有自己的茶园。因此，大坑口茶业生产的特 A 极品牛栏坑肉桂，品质一流，当是不言而喻的。

大坑口公司的牛栏坑肉桂（特 A 极品）醒茶时发出"哐啷哐啷"之声，声音的尾部还带有某种金属碰撞的质感；干香为强烈的桂皮香，香气上冲脑部，下袭胸腹。于是，有茶友醉入茶香中，有茶友在茶香中突醒，无论醉者还是醒者，均大叫一声：好香！

沸水入杯，出汤。第一至第三道茶汤，汤色是温雅的棕色，茶香为强烈的桂皮香，茶汤润滑，醇厚饱满，舌两侧略感涩味，但迅速回甘。汤内所含物质丰富，令醇厚饱满的茶汤在饮者口中可嚼且如有物；使茶汤入喉，如骨鲠在喉；三杯入腹，腹有饱胀感，且通身温暖。茶汤无论是茶香，还是汤味和汤感都具有强大的冲击力，茶气足，茶韵强烈，色香味联手，营造出一种丹霞地貌般山峰突兀，山谷如点翠的雄浑茶境。

第四至六道汤，汤色仍是棕色，但微现黄色，使先前的温雅之色中新增添了些许活泼；茶汤中的骨鲠仍在，但软韧感出现，由"硬骨"转为"软骨"。茶汤仍滑而厚，涩感淡化，回甘仍迅速，入口即有植物的清甜；汤香由原先强烈的桂皮香转化为雅致的兰香，是那种暮春幽谷中的野兰的清雅之香。茶香拂人，沁人心脾，但不袭人，是令人放松、宁静的雅香。此时，茶汤散发着世家贵族的优雅，有一种贵族式的简单致极的奢华和奢华致极的简单。

　　第七至第九道汤的汤色转为黄中带棕的棕黄色，给人一种安宁之感，而茶汤转为柔和顺滑，茶味悠长，骨鲠感渐消；入口甜明显，与回甘一起形成茶叶特有的植物的甘甜之味。于是，入口的茶汤便带着甘甜从口中一下子柔柔地滑入喉中，落入腹中，进而联结上前几道茶汤凝集的茶气热流，通过周身经络，继续四下行走，全身有一种经络通顺，遍体舒泰的感觉；茶汤的香味转为牛奶香，是那种新鲜的，未进行脱脂加工的全脂牛奶的香味，柔和而厚实。茶汤仿佛将我们带入开满鲜花的呼伦贝尔大草原上，在牧民的帐蓬中吊床上躺着熟睡的婴儿，慈祥的老祖母一边唱着儿歌一边轻轻摇着吊床，美丽的少妇在火塘边绣着婴儿的花帽，火塘上温着酽酽的奶茶，等待着丈夫的归来。远远地传来母牛的"哞哞"声和羊儿的"咩咩"声，一切都是那样柔美香甜，安宁祥和。

　　第十至第十一道茶汤，汤色转为柔柔的深黄色，茶汤骨感全无，备显绵柔；涩感全无，满口是微微的茶叶甜味；茶气犹存，暖流游走全身；茶香转为清新的薄荷香，带着初夏雨后的清爽和清凉。茶汤犹如寻常百姓的"小确幸"（网络语，意为小小的确定的幸福的缩写语），一种以自家生活为重点的，只关注柴米油盐、风花雪月的，带有某种小资情调的"小确幸"。

第十二道茶汤经过三分钟坐杯，汤色又返安宁的棕黄色，茶汤却更柔更滑，仍无涩味，甜味略增；茶香是带着兰花香和牛奶香的薄荷香，清醇宜人。品着第十二道茶汤，犹如阳春四月行走在杭州西湖畔，莺飞草长，绿柳如纱，桃花花苞初缀于树上，温柔入骨，安宁入心。

从第一道到第十二道茶汤，茶香和茶味如此和谐地融合在一起，没有任何分离。而杯盖香和杯底香也与汤香同步。伴随汤味的变化，由桂皮香经兰花香和牛奶香转为薄荷香，直到最后一道汤，杯盖和杯底的薄荷香依然浓郁。因此，大坑口公司的牛栏坑肉桂（特 A 极品）的茶意给人一种圆融的感受。

这一柔香中铁骨铮铮，骨感中花香阵阵的圆融，不由令人想到"牵手"——闽南语中，夫妻间的互称即为"牵手"。执子之手，与子偕老，我牵着你的手，你牵着我的手，一起走过春夏秋冬。较之"夫妻""爱人"之类，闽南语的这一称谓，更切中夫妻关系中应有的同心携手、互相关心爱护、同甘共苦之要义：手与手相携，心与心相印，以牵手达到夫妻圆融成一体，将婚姻建成夫妻生活—心理共同体。

怀着对牵手的执着，带着对牵手的美好憧憬，20 世纪后期有一首名为《牵手》的流行歌曲风靡全国。歌中唱道：

因为爱着你的爱，因为梦着你的梦，
所以悲伤着你的悲伤，幸福着你的幸福。
因为路过你的路，因为苦过你的苦，
所以快乐着你的快乐，追逐着你的追逐。
因为誓言不敢听，因为承诺不敢信，
所以放心着你的沉默，去说服明天的命运。
没有风雨躲得过，没有坎坷不必走，
所以安心地牵你的手，不去想该不该回头。
也许牵了手的手，前生不一定好走，
也许有了伴的路，今生还要更忙碌。
所以牵了手的手，来生还要一起走，
所以有了伴的路，没有岁月可回头。
因为爱着你的爱，因为梦着你的梦，
所以悲伤着你的悲伤，幸福着你的幸福。
因为路过你的路，因为苦过你的苦，
所以快乐着你的快乐，追逐着你的追逐。
也许牵了手的手，前生不一定好走，
也许有了伴的路，今生还要更忙碌。
所以牵了手的手，来生还要一起走，
所以有了伴的路，没有岁月可回头。

香与味的牵手，令茶的意境和韵味和顺圆融；夫与妻的牵手，令婚姻和谐幸福。大坑口公司的牛栏坑肉桂（特 A 极品）以它的和谐圆融告诉我，它的茶语是：牵手。

注：大坑口·牛栏坑肉桂（特 A 极品）为该款茶品 2017 年前的茶品名。

天沐·老树梅占：春梅报喜

　　梅占是武夷岩茶的一个小品种。老树梅占是武夷山天沐岩茶有限公司以树龄在30年以上的梅占老树的青叶制作的一款岩茶茶品。据说，在30多年前，梅占茶树在武夷山还具有一定的种植量，但后因肉桂、水仙这两类品种产量高、销量好，在那个以量取胜的年代，包括梅占在内的许多产量较低或极低的武夷岩茶小品种茶树被茶农砍了，改种了肉桂、水仙品种茶树。所以，在今天，在武夷岩茶产地，梅占茶树所剩不多，老树更少，能喝到老树梅占岩茶已是幸事，能得到几泡在家中慢酌细品，更是幸中之幸。

　　虽因喝之不多，得而细

品之亦不多，但老树梅占独特的茶韵仍给我留下了深刻的印象，是我时常思之念之的武夷岩茶之一，尤其是天沐茶业的老树梅占。

天沐老树梅占的独特之处至少有三：一是汤味先酸甜，后转悠长的清甜。天沐老树梅占第一至第六道水的茶汤有一种清爽鲜柔的酸甜之味。那种酸，是正岩岩茶特有的清清爽爽，后味带着某种植物鲜味的柔润的植物酸味；那种甜，是正岩岩茶特有的茶叶的植物甜。两者结合，如脐橙橙汁的清爽加甜话梅的酸鲜。柔润醇厚的茶汤在舌面滑过，舌两侧是鲜柔清爽的酸味，舌面是清淡新鲜的植物甜，继而两味在舌后部处聚成独特的酸甜。一盏老树梅占入腹，忍不住大叫：再来一盏！随着冲泡次数的增加，酸味渐渐淡去，至第八道水，茶汤味转为雪梨的水果甜味，那种清爽又略带清凉的淡淡的甜味。直到最后一道水——第二十六道水，茶汤已没有了茶香，连茶味也失去了原有的醇厚，成为淡而薄的茶水，但茶中仍有雪梨的清甜。

二是茶香似春梅，品之如入香雪海。天沐老树梅占的茶香在头两道汤中并不明显。直到第三道水冲入，叶片完全润泽展开，一股梅花的香味才飘然而出。这梅香不是寒冬中的蜡梅香，清冷、孤傲，暗香涌动，不经意间在身边悄悄飘过，而是春天的梅花香，艳丽、热闹、花香袭人，古人称之为"香雪海"，昂首怒放花万朵，香飘云天外。尤其是第八道水后，这春梅花香中又出现了丝丝的甘蔗甜香，纯净的甘蔗甜香化在艳丽的春梅香中，有一种香甜的美好感觉。这款老树梅占的杯底香尤为奇特。它的杯盖香先是幽幽的兰香，第三道水后转为春梅香，第十八道水后转为甘蔗的清甜香，第二十二道水后香味淡化。而杯底香虽也如此变化，但在第二十二道水后杯盖香渐渐淡弱至无时，它虽在杯热时也是如此淡弱至无，但在杯温时出现了甘蔗的清甜香；至杯冷时，又转为春梅的丽香，直到最后一道水，杯温时的甘蔗香和杯冷时的春梅香犹存。按武夷岩茶制茶人的说法，杯底香是山场（茶地）香。山场越位于岩茶核心产地，杯底香越绵长持久。据说，天沐茶业自家的茶地都在正岩，如此，这款老树梅占的产地当是核心产区的核心产地了。

　　三是茶气充足，"三通"明显。这款老树梅占茶气很足，两盏入腹就开始通气，然后是通血——后背温暖，通经络——热流全身行走，通身温暖。它的经络行走路径的独特之处是以腹部为中心，先通中间的躯干，再通四肢，继而是头部，直至全身经络打通。与热流的行走相随而升腾的是一种温暖的宁静和宁静的温暖。于是，心也安宁了。这款茶我们是在午后三点左右喝的，而这一温暖与安宁直至夜晚。在温暖与安宁的怀抱中，即使是失眠，也不再寒冷与烦躁，而是如在暮春四月温暖阳光照耀下的绿草地上小憩。

　　酸甜转清甜的茶味，香雪海般的茶香，温暖而安宁的茶气融合在一起，构成了这款老树梅占春梅报喜的茶的意境。人间四月天，梅花盛开时，喜报与飘香的梅花一起飘落到手上。刹那间，奋斗中的酸苦化作成功的甘甜涌上心头。放眼望去，周围是永远的关心、帮助和支持者，真情无限。于是，所有的不快与辛劳都融化在暖意洋洋的笑声中，与梅花一起欢快地飞舞天际。

　　天沐·老树梅占，你的茶语就是：春梅报喜。

正山堂·正山小种野茶：红茶非红尘

在武夷山正山堂所产红茶中，正山小种（原产地）红茶当是根基性的。茶汤的琥珀色、甘醇味和逐渐呈现的桂圆香（前香）→蜂蜜香（中香）→番薯香（尾香）的香味及过渡与层次，使正山小种成为福建红茶的一大经典性、标志性茶品。而作为近来红茶创新工艺代表作的金骏眉，则以一两（50克）有5万—7万个正山小种新茶嫩芽，细如新月弯眉的奢侈和色如秋日夕阳、香如夏日花园、回甘如蜜的艳丽登上红茶的尊贵之座，成为个中翘楚。

相较于这两个旧宠与新贵，我倒更喜欢正山堂的正山小种野茶。这款茶产量不高，售量不多，也较少为人知晓，但以其独特的色、香、味打破了我对红茶，尤其是福建红茶的刻板印象，令我在众多的茶中不时地想起它，不由自主地泡上一壶，慢慢啜饮。

正山小种野茶茶汤的色泽是一种亮丽的金黄色，有着某种皇族的尊贵和秋阳的温暖。喝下午茶时，看看茶汤入杯，涟漪一圈圈漾开，心中便少了许多卑微和冷意。正山小种野茶茶汤的前香是幽幽的春兰之香，尾香是淡雅的果香或清新的草叶之香，香气入鼻，犹如行走在春天的山间小道之中，被一片春野之香环绕。正山小种野茶茶汤的味微甘，圆润、爽滑，醇厚而饱满，入口即化，入口即自行下滑，蔓延成暖香满口满腹。

　　正山堂位于福建武夷山闽赣交界的桐木关。桐木关地处游客免进、被严格保护的国家级自然保护区，正山小种，包括正山小种（原产地）红茶、金骏眉、正山小种野茶、妃子笑等均产于此。我在春天、夏天和秋天多次去过桐木关，那是一片野山，一片带着南方特有的秀美和清丽的野山，溪水欢快地流淌，草木恣意地生长，是鸟的王国、蛇的天堂，大自然作为主体的自我，自由地在人类世界中生存与发展，自在地自美其美。

　　正山小种野茶是我的一个梦，一个关于野山与红茶的梦，一个有关自然、自由和自在的梦。从春梦连到夏梦，从秋梦连到冬梦。梦醒之时，聊发诗意，口占一首自乐：

桐木野兰生幽谷，
何时化作茶味醇。
遥见正山飘香处，
方知红茶非红尘。

　　每句中间第三、四字相连，也可成"野兰化作正山红茶"句，以感念大自然之神奇，感谢正山堂制茶人的辛苦！

　　所以，正山堂正山小种野茶的茶语是：红茶非红尘。

曦瓜三款：从小爱到大爱

"曦瓜"（本名陈荣茂）是武夷山岩茶界的一位知名人士，他的企业所生产的岩茶，也以"曦瓜"为商标。曦瓜的山场基本在正岩，他的制茶师傅刘安兴在2015年入选国家非遗项目之武夷岩茶制作工艺市级传承人（第二批），被称为武夷岩茶制茶人"四刘"（刘宝顺、刘峰、刘国英、刘安兴）之一。所以，"曦瓜"正岩茶也是武夷岩茶中著名的好茶之一，有的也是重金难买到的。

在喝过的曦瓜的岩茶中，至今为止我印象最深的三款茶品，一是雪梨。曦瓜雪梨是我最喜欢也最有茶瘾的武夷岩茶之一。雪梨是小品种茶，汤色是宁静的棕黄色，汤香是水果雪梨的清香带着淡幽的春兰香；汤味醇厚而柔润顺滑，有着雪梨清甜的甘甜。刚见到这款岩茶的名称时，我不以为然，心想哪会喝茶喝出雪梨的味道。喝了、品了，才知道"雪梨"的品种名称真是名副其实、名不虚传！于是，再一次赞叹武夷岩茶之神奇和美妙之后，又一次狠狠地进行了自我

茶生活

批评：即使读书也算多，仍是见识依然少啊！

头一次喝到雪梨是在 2014 年的秋天。沸水入杯，出汤，汤色棕色偏黄，给人一种安详的感觉；第一、二道茶汤的汤香是春兰加夏日山野的薄荷香；从第三道汤开始，转为雪梨的清香带着幽幽春兰之香，香气悠长，一直到最后的第十道汤中，仍有淡淡的雪梨香。

从第二道汤开始，茶汤就有秋天刚摘下的雪梨的甘甜味，那种清清爽爽的甘甜味，一直到第十道茶汤后再喝一道白开水漱口，仍甘甜润口沁心。

这款茶的茶汤醇厚润滑，茶香溶入茶汤，茶气很足，但又与别的茶气充足的武夷岩茶不同，这充足的茶气没有"骨鲠在喉"的岩骨，而是如太极般圆浑顺通，茶香、茶味、茶气三者浑然一体。茶汤入口便滑入喉中，落入腹中，然后，一股暖流慢慢从足部上升，在胸腹间回旋。于是，虽是秋末，人却如在四月天温暖的春日阳光

下，有微风拂面，有花香萦绕，口中清甜不绝，人便溶化于甜美的温柔之中。

悠长而圆润的静色、柔香、清甜、暖流融合在一起，使得曦瓜雪梨，如旧时出身于富贵的书香人家后又嫁入门当户对的贵族大户

的少妇，温婉清丽。茶汤入口，如她一双柔荑执一方丝巾轻轻慢慢地拭去丈夫脸上的微汗，那是一种贴心的温暖与宜人的柔情；茶气圆融地在胸腹间游走，如她婉约地吟诗抚琴，与丈夫唱和共鸣，琴瑟相谐。最后的那口白开水与口中的回甘相遇，柔和的清甜与清香如同她低眉躬身，向还在书案上读书的丈夫浅笑着道一声"晚安"，然后在丈夫的回眸一笑中转身出门。

如旧时贵少妇般温婉清丽、熨贴安宁是这款茶的特征。因此，曦瓜雪梨的茶语当是：温婉清丽贵少妇。

二是"海西一号"。此间的"海西"是台湾海峡西岸经济区的简称，这一经济区以福建为主体，涉及台湾及浙江、广东、江西、江苏等省，建立、建设和发展海西经济区是福建省委省政府在 2004 年提出、2009 年公布并于 2011 年获国务院批准的一个国家级发展战略。"海西一号"就是在这一期间应运而生，并逐步成名。"海西一号"是拼配型大红袍，茶汤的色泽是沉稳的黄棕色，香气馥郁强烈，汤味浑厚润滑，茶韵悠长。与其名称相呼应，这是一款我认为其茶语为"大气磅礴"的好茶，也不愧为武夷岩茶中的一款名茶。但是，前段时间听说，曦瓜商标意识不强，未将"海西一号"商品名注册，当"海西一号"成为知名茶品后，这一商品名就被人抢注了。结果，已有很高知名度的"海西一号"岩茶不得不退出商品茶行列，成为在朋友间流传的高档茶品。而声名鹊起的新茶品"曦瓜壹号"无疑只是一个企业的高度，很难体现"海西一号"茶品具有的磅礴大气。期待着"海西一号"重新进入商品茶行列。

三是铁罗汉。铁罗汉是武夷岩茶四大名枞之一，而曦瓜产于内鬼洞的铁罗汉又因质优而产量少，更是一泡难求。"鬼洞"是武夷山自然保护区中的一处山坳，属正岩。因幽深且进口狭长，坳中日照时间短而阴冷，故被称为"鬼洞"，当地人对"鬼洞"有内鬼洞（山坳内）和"外鬼洞"（山坳外）之分，因内外自然地理环境、日照时间及气候的大不相同，所产岩茶的内在物质的元素及其含量比例等也就有较大不同，所以，所产岩茶的茶味、茶韵也有诸多相异之处。有武夷山茶友告诉我们，铁罗汉中以内鬼洞铁罗汉为最佳，

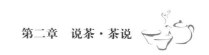

而内鬼洞山场的铁罗汉基本为曦瓜所有，所以，曦瓜的铁罗汉又是最好的铁罗汉。与其他厂家生产的铁罗汉相比，曦瓜铁罗汉给我的茶感确实是干茶色更乌润，汤色更稳重而光亮，汤香更强烈而纯净，汤味更醇厚而骨感更强，嚼汤如有物，茶韵更悠长而厚重，确有一种怒目金刚铁罗汉的威力和威武感。而前几天喝了一泡家中珍藏三年的曦瓜铁罗汉时，又感到其汤中出现了柔润感，虽骨感仍强，但那"骨"已由"硬骨"转化为"软骨"，而茶汤也更为圆润，茶感也更为温暖，仿佛有一种菩萨的慈悲为怀笼罩于全身。

由此，我想，曦瓜三年陈内鬼洞铁罗汉的茶语应为：金刚菩萨心。

曦瓜三款茶：雪梨、海西一号、铁罗汉三者的茶意，从关爱家人到关心国家再到关念众生，可谓是小爱温柔、中爱热烈、大爱无疆。故而，如果将这三款茶联结在一起，成为一个"家"之系列茶，其茶语当是：从小爱到大爱。

天心寺·白鸡冠：鲜活的生命

白鸡冠属小品种岩茶，是武夷岩茶四大名枞之一，产量很少。在武夷山正岩之中的天心禅寺所产的白鸡冠更少，据说每年只产二、三斤。2012 年元旦，我去天心禅寺拜访，住持泽道大师泡了一泡与众人品赏。我虽不才，对此茶却颇有茶缘，谬言心得，得大师首肯后，又得馈赠天心禅寺所产的白鸡冠一两。我极其珍贵地带了回来，2014 年 6 月 8 日开喝，慢啜细品，心得良多。

与别的武夷岩茶相比，天心禅寺白鸡冠的特点可谓是："甘、鲜、活、香。"首先，它的回甘很甜。并且茶一入口微涩即化作回甘，回甘又马上漫延成满口的甘甜；其次，它有一种特殊的鲜味。与其他白鸡冠带有水腥味的蟹鲜味不同，天心禅寺白鸡冠的鲜味是带着土腥味的植物鲜味；其三，它具有很高的活性。每一道茶汤都有不同的滋味和香味，真叫做千变万化。而随着一道道水的冲泡，叶片一点点展开，冲泡到最后，叶片完全展开，就像刚刚采摘下来的新鲜青叶，绿色盈盈，更是活灵灵地展露出它特有的绿叶红镶边；其四，它有一种特殊的香味。与其他白鸡冠常有的花香不同，天心禅寺白鸡冠的茶香是清新的草香加花香，闻着就像行走在暮春雨后的青草地上，被花草的清香所包围。

喝着天心禅寺的白鸡冠，有一种很奇妙的二维人生意境：它的甘、香让我恍若隔世，飘飘欲仙，有一种出世的感觉；它的鲜活又把我拉回人间，品尝美食美味，有一种入世的感觉。一款茶让我在仙人之间飘荡，时仙时人，时人时仙，生命的灵动与生活的奇妙无极变化，真是玄幻无穷，奇特无比！

天心禅寺的白鸡冠是我最喜欢的一款武夷岩茶，但愿茶缘仍在，还能相遇！

天心禅寺白鸡冠茶语：鲜活的生命。

石丐石乳：桂子飘香，与君同乐

　　石丐石乳是武夷山石在香生态茶业有限公司的产品。据坊间传说，这家公司的掌门人对石头情有独钟。几近痴迷，自称"石丐"，故而其岩茶制品的商标亦以"石丐"为名。对石头独有情钟的"石丐"制作武夷岩茶石乳，想必有一个传奇故事，而石乳也就成为石在香茶业的一个拳头产品。

　　石丐石乳的醒茶声是"吭啷吭啷"的，又带有一点"嚓啦"声，如带刀武士在砂石路上行走，刀与刀鞘的碰撞声中夹着鞋底与砂石路面的摩擦声。石丐石乳的干香是馥郁的桂花香，花香宜人。我是2012年得到石丐石乳的，共250克，藏着，喝着，一直到2017年。眼见在这六年中，干茶的声乐与香气变化不大，但茶汤的橙色逐渐消退，棕色逐渐增加，一年接着一年，茶汤由明亮的橙黄转为沉稳的深土黄；茶汤的香味中奶香渐渐淡化，桂花香渐渐转浓，直至成为茶香的主香；茶汤的汤味更滑更柔，品种特色更明显；茶气由骨鲠在喉般的凝滞喉间逐渐下移，转变成为一种明显的饱腹感。如果说 2012 年当年开喝的石丐石乳如同一位靓丽、娇蛮、可爱的少年艺人的话，那么，到了 2017 年，经过六年沉淀的石丐石乳已转变成为一位温文尔雅、稳健持重、德艺双馨的中年艺术家。也许是年龄的关系吧，相比较而言，我偏爱存放了三年及以上的石丐石乳。

　　2017 年 3 月喝的石丐石乳，沸水入杯，出汤，茶汤的汤色是深土黄色，带棕色，给人一种沉稳的感觉；汤香是桂花香，桂花中的金灿灿的金桂的浓香，尾香出现幽幽的牛奶香。而第三道水后，泡茶盖杯的盖杯香在原有的金桂的浓香中又增添了丝丝缕缕的兰花香，呈现出一种杨柳青年画中喜庆热闹的茶境；汤味微甜、有收敛感；滑柔软厚，入口即化，滑入喉中。据武夷山茶农说，石乳的最大特点是汤的滑润，犹如含有石灰（碳酸钙）质的山泉水一样，该款茶的茶汤确也较其他武夷岩茶茶汤更为光滑顺润。与其他武夷岩茶相比较的另一不同之处，是该款岩茶茶气的运行路径。两盏茶汤入腹，丝丝暖流便在胸腹沿毛细血管扩散，直到背部，然后是游走经络，通身行走。那种毛细血管的扩张和血液流通感是一种身体少有的酥麻感觉，甚为奇特。

　　第四至五道茶汤转为深黄色，沉稳而安详；汤香仍是桂花香，但转为银闪闪的银桂的雅香。而第五道水后，品茶盏的盏底香在银桂雅香的主香中出现了隐隐的薄荷香，呈现出一种工笔花鸟画的清丽雅致的茶境；汤味仍入口即甜，收敛感减弱；仍骨柔软厚。茶汤入口，香甜、柔滑，清香怡人，如温柔乡中的一场甜梦。茶气仍足，但运行路径与其他武夷岩茶不同，其前后次序也大相经庭。一般武夷岩茶茶气的运行次序是气通→血脉通→经络通，而该款岩茶的运行次序则是血脉通→经络通→气通，第四道茶汤入腹后开始打嗝，是谓气通。

第六至七道茶汤的汤色仍是沉稳而安详的深黄色；汤香仍是桂花香，但已转成红艳艳的丹桂的淡香，而薄荷香也由隐转显，整个茶香呈现出一种"文人画"淡雅清幽的茶境；汤味转薄，隐现阳光下的砾石气味，但仍柔滑；甜味转强，收敛感近无。茶汤入口，如茶饮料在舌面轻滑香甜地一掠而过；茶气仍未减弱，且由原先强烈的如骨鲠在喉的锁喉感下沉为强烈的如狼吞虎咽后的饱腹感。一泡在午后三、四点开喝的午后茶，直到晚上七点后的晚餐时，仍无饥饿感。茶友大笑说，不食而饱腹，想不到石丐石乳还有这么好的节食功效！

第八道茶汤是坐杯三分钟后的坐杯茶，汤色棕黄，茶香是丹桂的淡香，夹着微微的牛奶香；汤味仍滑柔但已淡薄，入口后砾石气味更显；茶叶特有的植物甜更强，茶汤入口，即化为满口甘甜；虽舌上无涩感，但嘴唇上仍感到些微茶涩味，以水润之，化作唇上留甜。坐杯茶入腹，饱腹感更强，经脉中也有一股新的暖流注入，沿周身运行，通体舒泰。

"石乳"又称"石乳香"，是武夷岩茶中的一个小品种，据说有两百余年的历史。在武夷岩茶中，它虽非"四大名枞"，但也是名枞之一。石丐石乳的茶底为墨色，干净，发着黑黝黝的幽光。叶片展开后，"蛤蟆背"十分明显。而每泡茶底中，总有六、七片茶叶特别柔软光滑，"蛤蟆背"不明显，不知是否是叶片成熟度不同

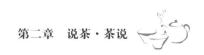

所致？我不知晓何种茶品种为何种样的叶片，对石乳这一岩茶小品种，也仅品饮过石丐石乳这一茶品，无法比较。故而，我只能以杭州大学历史系培养的历史性思维的惯性，作为存疑，以备以后或他人考证。

　　桂花是杭州市的市花。每年的九、十月，当桂花盛开时，杭州满城飞舞着桂花的甜香，处处桂花落英缤纷，一片花的热闹。桂花开时，在秋高气爽日，杭州人呼朋唤友，携亲带眷，或山寺月中寻桂子，或满陇桂雨品名茶，或曲院风荷赏秋景，或龙井村中农家乐，欢声笑语连成一片，花的热闹和人的热闹形成杭州秋日桂雨时节特有的景观。由此，我想，以桂花香为主香，以滑柔甜为主味的石丐石乳为一款热闹的茶，适合三五茶友同饮共品，分享感受，共拥快乐。

　　所以，石丐石乳的茶语当是：桂子飘香，与君同乐。

金油滴：英雄

金油滴是武夷山宽庐茶业公司的岩茶产品，精选武夷山正岩大红袍烘焙而成。因其茶汤色呈油亮亮的黑色，金光闪耀，如宋代建窑所产精品名盏"金油滴"，故该款茶被命名为"金油滴"，它也是宽庐茶业所产岩茶中的珍品。金油滴由国家非遗项目之武夷岩茶制作工艺的传承人（市级，第一批）王国兴先生所制，因此，也可称为国家非遗项目传承人茶。

金油滴是我最早接触的武夷岩茶之一。幸亏当时不知该款茶之珍之贵，否则，初识武夷岩茶的我是不敢暴殄天物的。好在正是这金油滴，打开了我的茶视界，让原本习惯于龙井茶的淡雅、安吉白茶的清新的我，知晓了一种有着如大山般雄浑、沉厚茶韵的茶品——"金油滴"令人难忘，从此与武夷岩茶结下不解之缘。

与别的武夷岩茶品相比，宽庐金油滴的最大特点是它的"厚"。它的汤色如农家自榨的茶油，是深厚的棕黑色，在光影的折射中，油汪汪的，一闪一闪地漾着金色，金油滴之名便是如此而来。它的汤香是浓厚的花草香味，如进入夏末初秋的花圃之中，乱花迷眼，群香扑鼻，而这群香中还夹带着微微的清凉草香，使得花香浓而不艳。它的汤味如百年饭庄中的百年老汤般醇厚，喝一口茶汤，舌、齿、口腔都被厚厚的柔绵茶汤包裹起来，一不留神，这团醇厚柔绵便滑入喉中。

　　金油滴的"厚"使得我们在喝金油滴时必须不断地说话。一来是因为金油滴的茶胶太浓太厚，一闭嘴不说话几秒钟，上下嘴唇就会被唇上的残茶胶合在一起，再开口，双唇唇面就会有被撕裂的疼痛感；二来在不断地说话中，在唾液的作用下残留在口腔的金油滴的茶物质不断发生变化，花草香会出现不同的香型，有时还会向果香转变，而原有的茶涩味也会迅速化作满口的回甘。

　　如山般浑厚的金油滴让我想起了我的父亲。我的父亲出生于1907 年，山东省汶上县人，1972 年离世。父亲家是地主（土改时，因父亲的老革命干部的身份，低定为富农），不知其家中有田地多少，财产多少，仅从父亲告诉

我的爷爷家中原有二、三辆胶皮轮大马车，相当于今天的家有二、三辆劳斯莱斯小轿车看，也可以算是大地主了吧。

父亲是家中的长子。1937年，为反抗日寇对家乡的入侵，村中成立了自卫团，父亲被爷爷指派参加，成为自卫团中的骨干。后因不敌日寇，村中长老决定自卫团成员出村寻找当时都在抗日的共产党或国民党部队，依靠正规军队的力量来护村护家。又因不知国、共军队在何方，自卫团成员便分成两部分出村，向两个方向寻找。父亲所在的那批人找到并参加了共产党部队，另一方向的那批人则找到并参加了国民党部队。于是，父亲便成为1937年参加八路军的老革命，并因作战勇猛，于1938年被批准成为中国共产党党员。

作为老革命、老党员，无论在战争年代还是在和平年代，父亲都以忠厚著称。他对党忠诚，作战勇敢，工作认真负责，待人诚恳，吃苦耐劳，不计名利。他是带着与日寇拼刺刀时留下的刀伤和被国民党军射中而未取的子弹头于1972年离世的。而逝世前，留给母亲和我的最后一句话是："不要给组织找麻烦"。

宽厚是父亲的第二个显著的个性特征。父亲的家乡是山东汶上县，是孔孟之道的发源地鲁国旧地，也是孔子一生唯一担任过父母官——中都宰的主政之地。孔孟之道在父亲家乡的影响悠远流长，广泛而深刻，至今在祭祖、为长辈扫墓、向长辈拜年时，仍要行跪拜礼，这在中国的其他地方已为鲜见。深受孔孟之道熏陶的父亲对自己在家中的角色地位难免以"君"——夫君、父君为尊，即家长为基本理念，但又深蕴着历经战火在枪林弹雨中几经出生入死者的大度，时时处处宽待着家人。母亲是家务的主要操持者，但父亲不像其他相似年龄的男人们那样当甩手掌柜。而是根据母亲的要求，餐后饭碗菜盘的洗涤由父亲全包。有时兴致一来，父亲会亲自动手，包上一顿饺子，大白菜鸡蛋馅或韭菜鸡蛋馅的，只是父亲包的饺子起锅时总有不少是破皮或漏馅的，于是，在母亲善意的嘲笑中，父亲总是带着些许不好意思（有破皮的和漏馅的）和几分得意（大多是完好的，且味道不错），把完整的饺子盛给我和母亲，把破皮的和漏馅的留给自己。

母亲是"五四"新女性，在上海接受西式中等教育（高中）和职业教育（商业专科学校），也是早期中国职业女性中为数不多的白领阶层中的一员(她曾任出纳／会计)。由此，母亲在26岁（1938年）进入职场，从领到第一份工资起，经50岁退休（1963年）领退休工资，到62岁（1974年）我外婆去世，一直承担着我外婆外公（后来是外婆一人）的家用。婚前，母亲告知了父亲，她承担的娘家责任，父亲认可了；婚后，父亲也一直持赞同态度。虽然我外公外婆有亲生儿子，但舅舅孩子多，家庭负担重，父亲认为，"万善孝为先""女儿也应尽孝心"，也就一直宽厚地让母亲每月将一半工资寄给我的外公外婆，逢年过节又给娘家寄送各种土特产。

更有甚者，我出生后，父亲答应母亲让我的外公给我取名，尽管当时我爷爷奶奶都健在。不知情的外公按给我舅舅的孩子们的取名，以"金"为名字的第一字给我定了名字，而我祖父名字的第一字也是"金"。一开始，父母都没注意到这一大不敬，后来母亲发现了，便告知了父亲，让他在给我上小学报名时加以更改。父亲担心这会引起我外公的不快，也没多加重视。我在小学报名时表现超好，引得老师家长和其他小朋友都来围观，在一片笑赞声中，原本不重视加上心花怒放的父亲也就忘记了给我改名这一"大事"。在父亲的宽厚和大度中，我一直用着这个名字。

如果按职业特征来描述性格类型，父亲属于"军人"，他更适合战场的冲杀，适应战火中人际关系的简单淳朴。现在回想起来，我能体会到他对南下后转业到机关工作的不适应，对机关中那种错综复杂的人际关系的困惑和烦恼。儿时的我是在他对破坏公物且屡劝不止的顽童们的发飙中，看到了军人的豪气和正义的。而在平时，他给我的印象始终是那种温厚的感觉。父亲从未打骂过我，甚至从不对我高声说话。唯一的一次是我 12 岁时，一次母亲外出买菜，我以"妈妈不是这样说的"为由，在众邻居面前，一直拒绝去干父亲指派我干的家务活，他最终被我气得恨恨地说："你这小闺女子！"并脱下鞋子高举于头顶，而在我吓得"爸爸骂我"的大哭声中，他扔下鞋子悻悻走开。晚上，半梦半醒中，我听到父亲后悔地对母亲说："她是女孩子，又这么大了，我不该当着这么多人说她"。从此，父亲待我更加温厚。长大后想想，其实父亲当时只是恨恨地说了句"你这小闺女子！"这并非是一句骂人的话。只不过我习惯于父亲的温厚，才会认为这是一句骂词，并为之大哭。所以，儿时的我在父亲面前是任性的，被娇宠的，想干什么事，要什么东西，尤其是想要买书，总是习惯于先跟父亲说，父亲一般总会答应。而我要的东西，他会马上去买来。甚至在 1972 年他得了癌症，也常为我买书。在他住院治疗前几天，看厌了家中新书旧书的我又要他去买书，他来回步行一个多小时，到市里最大的新华书店给我买来了一本革命样板戏《智取威虎山》（演出版），安慰我说店里只有这一本是新到的，是给宣传队演出排练用的，你也可以看看，其他的都已买过了，你都有了，以后有了新书，我会再给你买。只是父亲住院后就再没有出院，这一"以后"不会再有。

父亲的时代是英雄的时代。在英雄时代，男人们大多心怀家国情仇，看重名节，看轻名利，忠心侠义，如山般高大、稳重、质朴、仁厚，可信赖，可依靠，是社会的脊梁，是家庭的支柱。只是如今，英雄时代已离我们而去，如山的男人也越来越少。幸而还有这款名叫"金油滴"的武夷岩茶，还在展示着英雄时代男人如山的品质，散发着英雄时代男人金子般的光辉。

由此，金油滴的茶语当是：英雄。

让我们举起这盏茶，向英雄时代如山般的男人们致敬！

名款·雀舌：俏丫环

雀舌是武夷岩茶中的一个较常见的小品种。因叶片较细长，制成后状如雀舌而得此名。也有人说，"雀"该为"鹊"，即应名为"鹊舌"。"雀舌"为"鸟雀之舌"。而"鹊"属鸟雀类，且一般相较麻雀之类的雀也较大，仅从类别包含以及形容所需的美化出发，我认为"雀舌"可包含"鹊舌"，而"雀舌"可令人想到的是小型的如麻雀之类的鸟雀的细小的舌头，"鹊舌"令人想到的是略大的如喜鹊之类的鸟儿的较大的舌头，两者有所不同，故而更倾向于以"雀舌"称呼此款茶。

2014年9月30日晚，喝的这款雀舌是武夷山市名款生态茶叶有限公司于2013年生产的，藏了一年多，已无烘焙之火气。第一道汤略有涩味，舌两侧有收敛感，但迅速化为回甘在两颊内润开。第二道汤以后便没有了涩味。茶汤是清亮的黄棕色，清纯而亮丽；茶香很正，桂花香加上柑桔香，很正宗的雀舌的香气；茶底色为墨

绿而偏黑，油亮油亮的，如同一块上好的墨玉静静沉寂在白玉般的盖杯中，岁月安好。当我们把冲泡后的叶片展开后，又感觉它柔软光滑如幼儿之肤，搓揉把玩之后，竟觉自己的手也柔滑了许多。

该款茶虽香，但亦不失岩韵，茶汤入口，醇厚且可嚼，嚼之如有物；茶汤入喉，时有锁喉之感，三道汤之后腹中便不时有内气冲出。它的茶气经口腔上升至脑部，然后又回旋至口腔，头上和身上便有微汗沁出。这款茶也很耐泡，十二道水后虽然已有了水气，但茶汤反而变得很甘甜。于是，我们又泡了三道水，共喝了十五道茶汤，茶味才消退若无。

这款雀舌色、香、形、味均很正宗，我想，它可以成为武夷岩茶之雀舌的一种教科书茶，至少它能让人知晓什么是正宗的武夷岩茶中品种名为雀舌的岩茶之色、香、形、味为何。

这款岩茶茶汤亮丽而清纯，茶香馥郁而不艳俗，有岩骨但不霸道，喝着喝着，喝出了一种"俏丫头"之感。那是知书达理的大户人家中的俏丫头，美丽可人又略带傲娇，《西厢记》中的红娘是她们的典型代表。

九月的仲秋之夜，月光如水，秋虫啾鸣，手捧这泡雀舌，于是就有了穿越感，仿佛自己就是古代某大户人家的主妇，秋夜庭院凉亭中闲来品茗，有丫环俏丽可人，一旁红袖添茶……

名款雀舌茶语：俏丫环。

玉女剑：侠女柔情

　　玉女剑是玉女袍茶业在 2013 年推出的一款武夷岩茶（肉桂）。该茶以其特点：柔顺、鲜爽的茶汤略带"锁喉"的霸气，喝着令人不免想起武侠小说中的侠女。

　　侠女是侠，所以有一种英武的豪气，又不爱红装爱武装，佩剑策马，呼啸山林；大碗喝酒，大块吃肉；挥斥方遒，行侠仗义；豪情万丈，义薄云天。侠女又是女人，且不少是少女，从小受着身为女儿的教养规训，"女柔男刚"成为她们的潜意识，所以柔美时不时自觉不自觉地呈现在她们的言行之中，成为她们有别于男侠的一大特征。就如金庸先生在武侠小说中描述的，因为她们是女子，所以所用兵器常为剑，且非重剑；又因为她们是女子，所用剑法以轻灵见长，主要以轻盈灵巧的身法和剑法相斗，而非以强壮和刚猛的体力和剑法相搏（大意）。我想再加一句的是，不能不说，侠女的性别社会化（生物性的男人或女人成为社会性的男人或女人）过程

和作为女人的身份也决定了侠女的为侠之道和为侠之法。

玉女剑中的肉桂成就了玉女剑内蕴的刚猛,其内质又决定了玉女剑柔顺鲜爽的主基调,由此,玉女剑就有了侠女之茶韵,可以将它拟化为武夷岩茶中的一位侠女。

在2013年,玉女袍茶业还开发了另一款岩茶。该款岩茶以肉桂为主,辅之以水仙,茶汤是威猛刚烈的霸气中带有丝丝柔滑。所以,这款茶的霸气不是"力拨山兮气盖世"式的西楚霸王项羽的霸气,而是"大风起兮云飞扬,威加海内兮归故乡,安得猛士兮守四方"式的汉高祖刘邦的霸气,威武的豪气中带着两分洒脱、两分得意,还有一分英雄遇见美人时不觉泛起的一缕柔情。故而我将这款茶称之为"铁骨柔情":丝丝柔情包裹着铮铮铁骨,虽为柔情所裹,铁骨依然铮铮;虽然铁骨傲立,绕指柔情依然绵长。

现在想来,"玉女剑"实可与"铁骨柔情"配成一对,成逸趣

横生也可，成欢喜佳偶也罢，均能相映成趣、相互辉映，并能增添几多品茶时的乐趣。只是不知为何，"铁骨柔情"不久就匿迹了，问了几次未果，实乃憾事。一叹！

　　玉女剑的茶语：侠女柔情。

思茶·茶思

茶思·思茶

　　小时候，从有记忆起，我就知道，茶与煤、米、油、盐、酱、醋一样，是家中不可或缺之物，所不同的只是煤、米、油、盐、酱、醋是放在厨房，茶罐是放在客厅餐桌的茶盘中。客厅餐桌茶盘里的茶叶罐共有两个，一个装的是自家喝的茶，一般较便宜，甚至是最便宜的茶末。不过，有时父母会托人买到西湖龙井明前或雨前新茶的茶末，虽价格便宜，色香味却并不比保持着两叶一芽或一叶一芽的完茶差。所以，常听到母亲对邻居们夸口说，我家的茶叶末子也是好茶呢！另一个茶罐装的是客用茶，当然比自用的贵，是新茶，也不会是茶末。一般要过一年后新茶成了陈茶，才会转为自用茶，

茶生活

那茶罐中再装入刚上市的新茶。一支烟、一杯茶构成父亲饭后最惬意的时光；躺在藤皮编制的躺椅上轻啜一口清茶，是母亲干家务活后最常见的小憩；炎炎夏日大汗淋漓地放学回家，抓起茶壶猛灌凉茶，是我少年时经常被母亲批评，但又屡教不改的行为。因为按母亲的健康之道，即使在夏天，也要等身上的热气消退后，才能喝凉茶或吃冷的食物。也许那时年纪小吧，对喝茶一事，只觉得茶比白开水香、解渴，此外便没有什么感受或想法了。而当父母手捧一杯

茶，与客人们或高谈阔论天下事，或闲言碎语聊家常时，我则是趁机溜出家门，找小伙伴们去玩耍了。

与我少儿时的喝茶经历相比，我的大学同学，现为浙江省委党校教授的董建萍女士，在农村插队时"双抢"季节的喝茶感受就高深多了。她在微信公众号：茶生活论坛中发表的一篇题为："茶是生活最

好的陪伴"一文中说到，高中毕业后（也就是 18 岁左右吧），她插队到了临安农村，刚下乡就遇到了抢收抢种的"双抢"季节。为了能在短短十几天里把田里的早稻收上来、晚稻秧苗插下去，他们这些刚从学校出来的知青们要与当地农民一样，每天在七月底八月初的酷夏烈日下，劳动十几个小时。在田头休息时，她第一次喝到房东大妈送来的凉茶，一碗下去，那种舒畅，那种舒服，终生难忘。在这之前，作为中学生的她总是不理解大人们为什么喜欢喝这种苦苦的东西。在繁重严酷的体力劳动中，她才明白了茶的美好，茶的体贴。不过，受当时体力劳动强大压力之累，董建萍的这一感受当时也只能更多的是身体的感受，未能发展成文思。到了 2016 年，经过整整四十余年的沉淀与发酵，这身体的感受终于发展成文思如泉涌，董教授发表了多篇茶思之文，妙笔生花，引得点赞无数。看来，只有一定的生活阅历，一定的生活积累与沉淀，在一定的生活环境的催发下，对茶的感受——茶感才能发展、升华为对茶的思考——茶思。

相较于茶感是以身体为主体的身体性，茶思则具有以思想为主体的思想性；相较于茶感来自当时的即时性，茶思更多的具有彼时彼地的延时性；相较于茶感是此感此受的切身性，茶思更多的具有转化、凝集、发展、升华意义的衍生性和延伸性。由此，茶思往往会由茶出发思人思物、思事思景、思情思境、思古思今、思天思地、思人生思社会，如此种种，不一而足。茶引文思，茶催文思，一茶在手，思如泉涌。这是我三十余年从事学术研究的一大体会。

茶生活

　　茶思所思之物中当然也包括了茶。这就是所谓的"思茶"。之所以对茶思之，当然在于该茶特有的色香味与这色香味形成的与其他茶不同的茶感、茶韵、茶意和茶境，以及那些与众不同的制茶、售茶、品茶、喝茶之人、之物、之地、之事、之情、之景等。

　　而这种与众不同也可以分为两类，一类是令人倍感愉悦的。令人感到愉悦的茶，以及与茶相关之人、之物、之事、之地、之情、之景等总能给人留下美好的回忆，令人时常思之念之，有的甚至会令人形成某种"茶瘾"，在某一时刻会有强烈的品饮欲望。对我而言，武夷岩茶、安吉白茶、正山堂正山小种野茶、铁观音都属于让我有"茶瘾"的茶，在家常喝，外出常带，十来天不喝，便会十分思念。另一类是让人产生强烈不适感的茶，包括怪异感、杂乱感、不适应感等。比如，有一次茶友聚会品武夷岩茶的陈茶，两位茶友分别拿出一罐陈茶，都说很甜，且说是台湾大师所做。一听说为大师做的 20 年陈茶，我充满希望地饮之品之，虽然确实很甜，但这甜却有一种非茶的怪异感。两款陈茶，大家先后品之，三道水后均有定论，一是添加了甘草，另一是添加了西洋参，这就是非茶的怪异感的来源。于是，尽管据说是台湾大师所制，虽然据说已封藏了20 年，均属难得，这让人难以忍受的怪异感还是令众茶友忍痛割爱，三道水后均弃之。再如，有一款据说目前已卖到十几万一斤的武夷岩茶茶品，汤色安宁，汤味醇厚柔润，回甘快而明显，但干茶香与茶汤香均十分杂乱。摊开茶底细看，该茶至少为四、五种茶拼配而成，其中包括了铁观音。这拼配之茶形成了茶汤的厚、甘，但导致了香的杂乱，如菜市场一般，搅乱了安宁温馨的色与味，茶韵十分不和谐。故而这款茶虽昂贵，但我却不再想喝第二泡了。又如，对我而言，不少绿茶，即使如西湖龙井、六安瓜片之类的名茶，也最多只能喝一泡，贪杯的话，胃部就会不适。因为按中医所说，这些绿茶性寒，胃寒者多饮会伤胃。这些让人感到不适的茶，也是令人难忘的。记得小时候看过一本书，书中论及某位历史人物的一句名言：不能流芳百世，也得遗臭万年。无论流芳百世还是遗臭万年，都是青史留名，这是对人而言。对茶来说，无论令人倍感愉悦还是让人十分不适，也都能让人难以忘怀。人与茶、茶与人在此处相通，同歌共舞。

以上是难忘之茶，除此之外，也有与茶相关的难忘之人、之事、之物、之地、之情、之景等等。而这亦如茶一样，可分为与众不同的倍感愉悦和十分不适的两类。比如，特有茶趣与特无茶趣之人；在龙井村、武夷山之类的产茶圣地品茶与在路边小吃店、面摊之类的便食处喝茶；环境清爽洁净与气味杂乱肮脏，如此等等，都会给人留下难忘的印象，令人期盼再相见，或避之不及。

茶发人思考，催人反思，令人思念，让人难以忘怀。茶思、思茶；思茶、茶思。茶将人的身体与灵魂联结到了一起。

茶生活

空谷幽兰

空谷幽兰是国家级非遗项目之武夷岩茶制作工艺市级传承人（第一批）刘国英先生研制的一款武夷岩茶茶品，属传承人茶品之一。该茶品亦是刘国英先生为掌门人的武夷山市岩上茶业的拳头产品，虽才问世几年，已名声远扬，据说现在要十几万元一斤，属最贵的武夷岩茶之一。

空谷幽兰是肉桂单品种茶，刘国英先生一反传统高火烘焙的制作方法，以低火烘焙而成，茶汤入口不是浓郁的桂皮香，而是幽幽的兰花香；虽是肉桂品种，但不是以霸气见长，而是以雅香见长。

空谷幽兰的汤香是兰花香，茶汤入口即化为满口兰香，且香气悠长。泡了十二道水后，茶汤仍兰香幽幽，下午喝的茶到了晚上，口中兰香犹存，与古代善歌者一曲余音绕梁三日有异曲同工之妙。空谷幽兰的茶汤回甘颇浓，回甘在口中化开，慢慢泅入喉中，后味无穷。空谷幽兰的茶底是油亮油亮的墨绿色，犹如朵朵墨菊开放在白瓷茶盏中，静待文人骚客的观赏吟咏。

热的和温的空谷幽兰茶汤是甜的，而冷了之后，它就出现了微酸味，那种陈醋的酸味，使得茶汤转为带着酸鲜的甜味。武夷山人说，这也是检验一款岩茶是否真的产自正岩出场的方法之一，茶汤出现了微酸就表明这款茶属于正宗正岩的岩茶。空谷幽兰以其具有的"武夷酸"（武夷山制茶人对武夷岩茶酸味的称呼）证明了自己来源地的正宗。

有时空谷幽兰茶汤会带有一种植物的鲜味，那种老枞水仙茶汤才有的鲜味。原本在肉桂品种茶汤中是没有鲜味的，但在空谷幽兰茶汤中却出现了茶鲜味，只是有时会有，有时却没有，即使是同一批次同一包装盒中的空谷幽兰也如此。有的茶汤会有鲜味，有的茶汤则没有鲜味。这也许是武夷岩茶变化多端，奇幻无穷的表现之一吧。

那天我喝空谷幽兰时，突然喝到从来没在肉桂茶汤中喝到过的植物鲜爽之味。兰香、甘甜、柔滑加上鲜爽之味，感觉很奇特。然后，一下子明白了为何古人将武夷岩茶之饮品称之为"茶汤"，而非"茶水"：因为它有汤的滋味，包括甘与甜、鲜、酸、醇厚等。所以，许多用绿茶冲泡出的饮品叫做了"茶水"，而用武夷岩茶冲泡出的饮品叫做"茶汤"——具有汤的多味和厚度，而非水的单一和单薄，所以当然就是"茶汤"了。自然界真是奇妙，同是茶，冲泡出来的滋味如此大不一样。

　　当然，自然界也是公平的，不同的茶味有着不同的特色，有着各自的存在价值。绿茶的茶水决定了它的清淡雅香。如同水墨中国

画。如果绿茶水是汤，也就难免会失去它特有的清新淡雅，如同白衣仙子口中的一颗"大金牙"。岩茶的茶汤决定了它多味和醇厚，如同大山巍巍、大江东流。如果岩茶汤是水，也就难免会失去它特有的凝重醇厚，成为骑着小毛驴、舞着匕首上阵的关公。茶因自己的特色而具有了自己的存在价值，人又何尝不是如此？所以，任何妄自菲薄或轻视他人都是不必要的，是不该有的，也是违背大自然生存法则的。

天心禅寺大红袍

　　该款大红袍的包装袋上注明为武夷山天心永乐禅寺岩茶厂出品，故简称为天心禅寺大红袍。因是拼配茶，故这"大红袍"为商品名，而非品种名，即它不是武夷岩茶中的品种大红袍岩茶。而天心禅寺则是天心永乐禅寺的简称。

　　天心禅寺大红袍是2012年在天心永乐禅寺品茶时，住持泽道方丈所赠。因当时觉得该茶火工重、涩味大而一直搁置在茶柜中，直到2017年3月整理茶柜时发现了它，忽然就有了想重品的念头，于是，重又开喝。

　　这款2012年的天心禅寺大红袍在2017年3月开喝时，干茶黝黑，有春梅的梅花香；茶汤的汤色在1～3道水时为红棕色，4～5道水时为深橙黄色，6～7道水时为深黄色，8道水后一直为黄色。

　　汤味口感1～3道水时柔软，4～5道水时转为滑润，6道水后变成大米米汤般稠而柔滑，一直到18道水后才淡化；茶汤味微涩且悠长，一直伴随着茶汤口感的变化，直到结束。这微涩回甘很快，入口即化为甘味，所以，也可以说是甘味一直伴随着茶汤口感的变化，直到成为如微甘的米汤。而茶后留在唇上的微涩，用舌头舐之亦有回甘，于是，这茶的回甘就绵柔悠长地留在了口中。

茶汤的杯盖香是淡淡的春兰的幽香；杯底香以浓雅的秋兰之香为主，夹着时隐时现的春梅之香；汤香为飘逸的兰花香。从第5道水开始，汤香逐渐淡去，砾石之气味渐现渐显，至第10道水后，完全转为砾石的刚硬之气味。

茶汤的茶气在前5道水时集中在身体下部运行，从第6道水开始，茶气开始在全身运转。但无论是身体下半部还是全身的运行，膝盖始终是茶气的聚集点，所以，膝盖一直感到很温暖。在茶后十余分钟后，出现了饱腹感，持续两个小时后，这饱腹感才消退。

与2012年制成后即饮的新茶相比，到2017年，经过5个年头存放的这款大红袍有了许多重大的变化。一是干香由兰花香转为梅花香；二是汤色增加了红棕色这一色系和色序，并以红棕色为第一序位；三是汤感由火气较重且仅为柔软，转化为火气全褪且出现了由柔软→滑润→大米米汤般稠而柔滑这三个依次递进的汤序，且米汤感绵厚悠长；四是茶涩味由较涩转为微涩，茶涩的不适感消除，回甘更快，甘味更醇而绵长；五是汤香由单一的兰香转变为双重的兰梅之香，且由原先的5道水后即无，转为出现砾石气味且延长为10道水后才完全消退，被砾石气味替代；六是茶气变得充足，由原先仅有气通扩展为气通、血通、经络通的"三通"全达，而茶气的延续性增强，延续时间由原先的仅在喝茶时，延续到了茶后两小时。因此，如果说这款天心禅寺大红袍在2012年还只是一款普通的武夷岩茶的话，那么，经过5年的自我修炼，在2017年，它已升级转型成为一款不同凡响的高品质武夷岩茶。

与别的武夷岩茶相比，经过5年修炼的这款大红袍的独特之处在于：第一，是它悠长的米汤般的茶汤口感；第二，是它的回甘更为绵长；第三，是它聚于膝盖的温暖的茶气；第四，是它的茶气在腹中的累积具有一定的延缓性。

天心永乐禅寺虽是一个小寺，却是一个禅意深深，充满禅机的禅寺，并因此声名远扬。据传，泽道师父以唐朝后期布袋和尚的一首《插秧诗》"手持青秧插满田，低头便见水中天。心地清净方为道，退步原来是向前"点醒诸多宦海、商海沉浮之人，使之不再纠结于个人的名利得失，明晰了人生的真谛。

天心禅寺制作的岩茶茶品的名称不少也极富禅机，如"扣冰""棒喝"。在中共第十八次代表大会召开前夕，天心寺推出的一款新岩茶，名曰："呼儿嗨哟"，我问如何解释，泽道师父以微笑答之，玄妙之处且自悟。天心禅寺大红袍为天心永乐禅寺岩茶厂出品。天心永乐禅寺岩茶厂产品的商标名为："天心禅茶"，商标图为以略有变形的"天心"二字上下构成一僧人坐禅图案。而天心禅寺大红袍包装袋上的大红袍茶叶图案又被设计成红色饰金线的袈裟的一片袍裾。天心永乐禅寺茶厂为天心永乐禅寺所管理和经营，故而，对于我这个一直力图参透禅机、理解禅理的人来说，这款岩茶，尤其是存放了5年后的这款岩茶，也就必然渗透了永乐禅寺特有的深深禅意，成为一款禅机暗蕴之茶。在今天，我还只能认知和理解到"贵在自我修炼"和"若有修炼心，处处可修炼"，这两层意义，期待着随着自我修炼的推进和深入，在品饮天心禅茶过程中，我能进一步参悟其中的禅机，领悟其中的禅意，体悟到其中的禅理，从而获得更多、更深刻的人生启迪。

瑞泉号：老顽童

瑞泉号是武夷山瑞泉岩茶厂在 2016 年新研制的一款武夷岩茶新茶品，也是其新推出的一款高档武夷岩茶拳头产品。该企业的负责人黄圣亮先生是国家级非物质文化遗产之武夷岩茶制作工艺市级传承人（第一批）之一，所以，这款茶品也可以说是一位非遗传承人对所承担的非遗项目的新贡献。

瑞泉号是自然混合茶，给我的茶感是原先瑞泉所产的一款名为"大红袍"的茶品之自然升级版。也正由于这一升级带来的茶质的变化，瑞泉号给人诸多新奇之感。

醒茶时，瑞泉号干茶的乐音为"呛唥呛唥"声，尾

声略带婉转，似琴弦拨动后的余音中的颤音；干茶香是以沉香为主香，以秋兰之香为尾香。

沸水入杯，出汤，汤色为棕黄色、黄中带棕，给人一种沉稳、宁静之感；汤味入口微涩微甜，带着武夷山一些正岩茶特有的微酸，而微涩后即化为微甘。这款茶特有的入口微甜、微涩即化为回甘加微酸的茶味十分悠长，直至十七道水后才淡淡离去。直到茶后两小时，口中甜与甘的余味仍存。茶汤质感柔净、滑润，如一条清澈小溪舒缓地流过，山泉般入喉入腹，然后在全身舒展蔓延。茶气很足，两道水后便开始打嗝通气，三道水后全身温暖舒坦。

瑞泉号的茶香是最让人感到新奇之处，具有与众不同的茶趣。它的干茶香以沉香为主调，尾香是山野中成片的秋兰茶蘼之时散发出来的那种深沉而不失雅致的兰香；杯盖香是清新的春天空谷中的幽兰之香；杯底香是令人安详宁静的沉香之香。最奇特的是汤香，深沉而不失雅致的汤香中，不时会跳出桂皮的锐香，时有时无，时现时落，时显时隐，犹如一个顽童在玩捉迷藏的游戏，十分有趣。

瑞泉号岩茶在总体上给人的茶感是沉稳安详，如一位老成持重修道的老者。但那茶香中不时出现的顽童的童稚之趣，又让这一老成持重、沉稳安详带上了欢快的活泼之意，让人想到了孔子所说的："七十随心所欲不逾矩"，想到了成语"返朴归真"，想到了自由快乐的"老顽童"。品饮后为瑞泉号岩茶茶底做茶标本时，发现茶袋上"瑞泉号"三字居然也是老成中显现顽童之乐，而题词的国学大师、宗教学大家南怀瑾先生落款时亦自称为"九四老顽童"。看

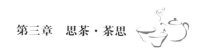

来，瑞泉号的茶意当是"老顽童"了。

杭州古已有名的西湖十大风景点——"西湖十景"中，有一风景点在九溪，名为"九溪烟树"，古人对它的描述是："**重重叠叠山，高高低低树，叮叮咚咚泉，弯弯曲曲路**。"穿行在九溪十八涧的山岚林树间，泥沙或石板铺成的小径上会突然冒出一道浅流，在游人脚边欢快地横穿而过，让人在猛吃一惊后又不免哑然失笑。最喜欢夏天去九溪游玩。穿上凉鞋，可在浅溪中踩水而过，踏出一朵朵水花；可下到小溪中抓摸永远抓摸不到的溪鱼溪虾，嬉戏的快乐大于失望；可放足水中，在一片清凉中安静地看山；可捧一捧溪水，洗去阵阵暑热，任溪水和山风送来凉爽。

在夏天的九溪十八涧的小溪中，没有长幼老小之分，人们夹杂在一起嬉水，或踩水，或摸鱼虾，或相互泼水，或打水枪，欢笑声连成一片，人人都成了顽童。

喝瑞泉号，想到了夏日的九溪，想到了无忧无虑、单纯且纯净的童年之乐。如论茶语，瑞泉号也当是"老顽童"无疑。故而以写九溪的打油诗"九溪乐"一首转吟瑞泉号，以伴"老顽童"茶韵之乐：

九溪烟树蔽骄阳，

幽谷清风无苦夏。

老来亦有稚童乐，

踏水溪中胡抓虾。

茶生活

宽庐之水仙岩茶：儒将

　　宽庐正岩茶之水仙（KL-Y-3600）是宽庐正岩茶系列中的一款，为武夷山市宽庐茶业有限公司出品，国家级非物质文化遗产项目之武夷岩茶制作工艺市级传承人（第一批）王国兴先生为总监制，并在包装袋上签名以证明。因此，这款茶也可以说是国家非遗传承人制作的茶，具有非遗传承产品的高品质。

　　这款茶为2015年所得，2017年3月开喝。宽庐的正岩大红袍大多为传统工艺制作，带有传统大红袍的色、香、味，给人一种厚重的历史感。这款茶也不例外，茶色油黑，炭香馥郁，茶汤醇厚，茶气充足。但与宽庐出品的以传统工艺制作的其他大红袍相比，该款茶的茶汤又特别柔和绵软，入口即化，有一种稠绵的米汤的感觉，极有特色。

　　具体而言，该款茶的干茶音是"呛啷、呛啷"声，带着金属的尾音，清脆悦耳；干茶色泽油黑，闪着黑黝的光泽；茶香以炭香为主，带着幽幽的兰花香。沸水入杯，茶香弥漫整个房间。出汤，汤色前两道汤为深棕色，第 3~6 道汤转为红棕色，7~9 道汤转棕黄色，从第 10 道汤开始为明黄色。这如清朝皇帝的龙袍般的明黄色一直保持到最后。

这款茶茶汤前 3 道为浓浓的炭香夹着微微的兰香，从第 4 道汤开始，便为浓浓的炭香，并一以贯之至最后一道汤。相比之下，杯盖香则兰香明显。前 3 道汤为素心兰浓郁优雅的香气，从第 4 道汤开始，便转成暮春的春兰芬芳；而杯底香是自始至终均是初春春兰的幽香。

这款茶的汤感柔软稠厚、清爽、润泽，有一种喝米汤的感觉，且无涩感，入口即微甜。宽庐的岩茶一般骨鲠感十分明显，尤其是以传统工艺炭焙而成的正岩茶，更是入喉即如骨鲠在喉。但这款茶的茶汤却是如米汤般，一反先前我对以传统工艺制作的岩茶茶汤的刻板印象。米汤般的茶汤飘着炭火香，一种传统农家乐的温馨感油然而生。

这款茶的茶气颇足。第 3 道汤后便气通。然后便是血通、脉通，周身冒汗，舒畅无比。

这款茶的茶底叶片小于常见的水仙岩茶的叶片，蛤蟆背明显。而与宽庐另一款岩茶金油滴相似，该款水仙茶的茶胶也颇凝厚，一盏入喉后若 10 秒钟不说话，嘴唇就被粘住，开口双唇会有微痛。

这款茶的茶味悠长，饮毕，水仙岩茶特有的微鲜、微甜和这款茶特有的炭香一直存留口中，3 个小时后仍有余味缠绕齿颊之间，令人不忍另食他物。

我印象中，以传统工艺制作的岩茶是强硬的，霸气十足的，但这款茶却在炭香的霸气中充盈着茶汤的柔软稠滑，出乎我的意料。在这矛盾的对立统一中，"儒将"二字浮现脑海——文人的儒雅加之将军的威猛，便是对"儒将"一词最好的解释，这款茶亦是如此。中国历史上出现过不少著名的儒将，如三国时的关云长、宋时的辛弃疾。而对我们来说，因有影像而印象更深刻的那些老一辈无产阶级革命家中，叶剑英元帅、陈毅元帅等也是儒将，他们有文人的才情和雅趣，又指挥千军万马，历经枪林弹雨，即使在生死关头，也有"此去泉台招旧部，旌旗十万斩阎罗"（陈毅元帅诗句）的武将豪情。而这些经历过战争考验、受中国传统文化熏陶和西方文明教育、在中西文化的碰撞中成长的儒将，在当今这个时代已是难得一见，只能在书中找寻，在茶中追忆了。

以这盏茶语为"儒将"的宽庐之水仙岩茶，向真正的儒将致以后辈的敬意！

白芽奇兰

　　白芽奇兰是一种茶品种名，属青茶类中的闽南乌龙茶，产于福建漳州的平和县，为闽南乌龙中的珍稀品种。

　　白芽奇兰是距今 200 多年的清朝乾隆年间，被人在平和县大芹山下的崎岭乡发现的。因其萌发的芽叶呈现出与众不同的白绿色，采摘其叶制成的茶品有一种奇特的兰花香，故而该品种被命名为"白芽奇兰"，由该品种制成的茶品也被称为"白芽奇兰"。白芽奇兰是我最早相遇的乌龙茶之一，也是我最喜欢的闽南乌龙茶之一，故而常思之、念之，不时品

饮之。沉浸在它独特的茶香之中，乃人生一大乐事也。

就总体而言，白芽奇兰的特征介于铁观音与大红袍之间，冲泡后的叶片色泽翠绿油润；汤色黄亮清澈；汤香秋兰香馥郁；汤味醇厚、润滑、鲜爽，回甘迅速，叶底厚软。

白芽奇兰的焙火加工工艺分为轻火型、中火型、重火型三种，加工的手法可分为电焙与碳焙两种。由此，不同的工艺和手法制作的白芽奇兰呈现出不同的特征。

以焙火工艺分，就汤色而言，轻火型为鹅黄微绿，中火型为杏黄，重火型为深黄浅棕。就汤香而言，轻火型如幽谷香兰，中火型如入馨兰之室，重火型如秋兰之野；就汤味而言，轻火型飘逸，中火型沉稳，重火型醇厚。

以加工手法分，电焙的汤色亮丽，汤香明艳有锐感，穿透力强，汤味甘鲜轻滑；碳焙的汤色安详，汤香优雅而圆柔，渗入性高，汤味醇甘绵润。尤其是碳焙重火型白芽奇兰，汤色杏黄偏棕色，汤味柔和温润鲜醇，回甘悠长；汤香是一种尾香跳跃着兰香的炒米香。品之，既有铁观音的轻舞飞扬，又有大红袍的沉稳安宁，再加上一种传统农家生活回忆或想象，真正是乐趣无穷，回味无穷。

有一天，闲来无事，将贮藏的白芽奇兰都取了出来，一一冲泡，逐一品饮比较。啜饮评判中，忽然就有了一种仿佛君王早朝听大臣们议政的感受。这些臣子有的年少气盛，锋芒毕露；有的老成持重，深谋远虑；有的宦海沉浮，谨言慎行；有的刚蒙圣恩，春风得意；有的书生文弱，巧言令色；有的武人威猛，铁马金戈；有的农家出身，淳朴敦厚；有的来自望族，风流潇洒；有的君子如玉，温文儒雅；有的夫子如山，沉稳凝重；有的如温婉少妻，红袖添香；有的如精明商人，长袖善舞……观茶如观臣，品茶如品臣，评茶如评臣，喝茶喝出君王的感受，这是喝其他茶所没有的感受，也是白芽奇兰带给我的又一乐趣。

　　从轻舞飞扬到沉稳凝重，从小农生活到君王临朝，喝白芽奇兰真可谓茶乐多多啊！

茶生活

漳平水仙

　　漳平水仙是福建龙岩市的漳平市（县级市）特产，属乌龙茶中的闽南乌龙。刚听到"漳平水仙"这一名称时，还以为是产于漳平的水仙花，而福建的漳州盛产水仙花，漳州水仙是水仙花中的一个著名品种，于是，连带着将漳平误认为是漳州市所属的一个市（县级市）。直到看到这漳平水仙茶，才知道自己真是没喝乌龙茶，已大摆乌龙阵了，此水仙非彼水仙。而漳平虽也在闽南，却是在闽西南大山里的龙岩，而非在闽东南沿海的漳州。这茶也给我上了一课，不得不又叹：不喝茶不知知识少啊！

　　闽南乌龙又称"铁观音"。与别的"铁观音"相比，漳平水仙的茶韵别具一格。首先，漳平水仙的茶汤为赤黄色，而非其他铁观音茶汤的明黄、鲜黄或亮黄色。这如美国加州橙子般的橙色没有明黄或亮黄的皇家贵气，而是如绚丽春日中普照大地的明媚的阳光，明艳动人。其次，与其他铁观音具有强烈冲击力的袭人的兰花香不同，漳平水仙的茶香是优雅的水仙花香，娴静淑雅，安宁温文，如空山幽谷小溪边的水仙花，悄悄地展开花瓣，默默地吐露芬芳。不必争春，自身已是春景；其三，漳平水仙的汤味前三道汤是甜中带着微涩后的回甘。从第四道汤开始，涩味逍退，茶汤入口即都是植物的甜味了。而因属水仙类，漳平水仙的茶汤还独具其他铁观音少有的茶的植物鲜味，那甜是一种甜鲜，或者说是一种鲜甜。

漳平水仙茶的条索更是与众不同。铁观音茶品一般都是叶片，而漳平水仙的条索则是叶片连着枝蔓，且不仅结合了闽南乌龙和闽北乌龙制作工艺的特点，更是使用特制的木模，槌压成有棱有角的方茶饼，用宣纸包装后，再进行真空包装，是闽南乌龙茶中唯一的紧压茶。将两三条茶底茶叶展开，放在展平的作为包装纸的白色宣纸上，用手略加压平，造型就如一幅图画，中国画的意境呼之而出。

漳平水仙与闽北乌龙（大红袍）中的水仙（岩茶水仙）同属水仙类，所以，漳平水仙的叶底与其他水仙一样，色暗绿带黄，边微红，叶片较大且如丝绸般薄而柔软，不似其他铁观音般有明显的砂点蛤蟆背而叶片较粗糙。

喝漳平水仙，会不知不觉地想到民国才女，

茶生活

如最著名的十大才女：史良、盛爱颐、吴健雄、陈衡哲、苏雪林、陆小曼、林叔华、谢婉莹、林徽因、张爱玲……

她们秀外慧中，才情横溢，高扬着独立、自我的旗帜，或多或少地带着一些水仙花般的美丽、优雅、孤傲、自爱自怜，在中国历史上留下了空前的美丽才名。她们出身于名门望族，幼时大多家庭境况优越，自小受良好的中国传统文化的教育、培养和熏陶；长大后，大多进入西式学堂学习，接受当时的西式教育，进而也认同了西方文明。是中西文化的共同养育下成长起来的一代，是中西文明珠联璧合的一代大家才女。虽然时世艰难，虽然命运多舛，但她们仍在男权中心社会，在多灾多难的时代建立起自己的"空间"，书写了自己大写的"我"字以及"我"的人生。很遗憾，随着名门望族的消退，随着传统文化的式微，随着西方文化的转型，在今天的中国，再也不会出现"民国才女"式的才女，不会出现诞生于新旧交替的民国时代的民国才女风范，不会出现"民国才女"式的才女群体及才女现象了。所谓"大江东去，浪淘尽，千古风流人物"；所谓"千古江山，英雄无觅，孙仲谋处。舞榭歌台，风流总被雨打风吹去。"想必就是如此吧！

与漳平水仙同属闽南乌龙（铁观音）的日春茶业出品的铁观音，也有一种"民国才女"的意境。而两者相比，日春铁观音更有一种少女时的"民国才女"的茶意，充满少年的意气风发，带着美丽才情总被人夸奖追捧的自得和傲娇，怀着对不知未来的不安，有着对美好生活的热切向往和对旧式妇女生活的激烈抗争。所以，较之漳平水仙，日春铁观音更为张扬，更为热烈。相比之下，漳平水仙更有一种中年时代"民国才女"的茶意。豆蔻年华青涩的美丽转为人到中年风韵优雅的美丽；在人生的磨砺中，才情逐渐转化为才智，似果树树枝那样，以结满果实的形态，在世人面前谦逊但不自卑地低着头；人格和经济的独立使得她们较之当时诸多的普通妇女有了更多的自我价值认同感、实现感和生活安全感，而这又使得她们更多地关注国家、关注社会、关注劳苦大众，她们的人生从"小我"上升到"大我"。所以，相较于日春铁观音，漳平水仙的茶意是沉稳安宁的、更为优雅娴静，有一种关心他人、关念众生的柔和。如此，如果将日春铁观音与漳平水仙一起品味，可以说是阅读民国才女的人生吧！

古今多少事，一声长叹中。如论茶语，我想，漳平水仙的茶语当是"民国才女"。于是，且饮一盏漳平水仙，在对民国才女的追忆中，让怀想飘向远方……

竹叶青（品味）

朋友送我几小包四川产的绿茶，说是好茶。因已拆掉外包装，内包装小袋上无产地和生产商名称，商标处只印有竹叶青（品味），也就称之为竹叶青（品味）了。

该款茶是绿茶，均为嫩芽，沸水入杯，片片扁平的嫩芽便铺满水面，如莲叶轻摇，让人疑有小小鱼儿在莲叶下嬉戏。茶水是淡淡的绿色，如初春时暖阳照耀下的一汪春水，"春江水暖鸭先知"不觉吟出口中。茶水滋味颇鲜。与浙江安吉白茶所具有的茶叶本身的鲜爽不同，该款茶的鲜味带有一种葫芦科蔬菜，如葫芦、黄瓜之类瓜类蔬菜的鲜味，这是一种奇特的茶感。茶叶包装袋上写着该款茶的香味为："嫩栗香"，但我闻到的是竹叶香，一种暮春初夏新竹初长成时，新叶摇曳发出的那种清新的竹叶香，眼前便幻化出一片竹林新篁，曲径通幽，小桥流水，青青曼草中淡朱浓粉点点。

与淡雅的龙井茶相比，竹叶青（品味）更像一种山野之茶，浓郁而淳朴，给人一种世俗生活的实在感和快乐感。2016年在高达摄氏39度高温的杭州，炎炎夏日的午后，约上三五好友，喝上一壶竹叶青（品味），就好像自己已变成一位老农，忙过了秋收后，带着丰收的喜悦，邀上三五老友，在自家的小院中，围坐一起，泡上一壶茶，闲闲地谈天说地。夕阳透过院旁茂密的竹叶，斜照在院里的丝瓜架上，微风中，碧玉般的丝瓜叶活泼地欢跳着，黄玛瑙般的花朵大咧咧地欢笑着，厨房中传来一阵阵切黄瓜、炒葫芦的香味。蓦地，家中那条名叫阿黄的狗，灰头土脸地从厨房中窜出，狗叫声中夹着人的笑骂，想来它又是想去偷吃烧好的菜，被家人赶了出来。于是，一阵哄笑声又在院中响起。春种夏锄，秋收冬藏；春播一粒种，秋收万斛粮。粗茶一大壶，淡饭二三碗，好友四五人，笑谈桑麻事，这就是世俗生活的质朴、实在和厚重与快乐。

世俗生活是平凡乃至平庸的，而人的生活直至人的一生的基础以及基调就是平凡乃至平庸。只有过好了平凡乃至平庸的生活，才能从平凡中升华起伟大，在平庸中凝集出超凡脱俗；只有认真体验和品味平凡乃至平庸的生活，才能在平凡中发现伟大，在平庸中认知超凡脱俗。所谓大俗即大雅，大雅即大俗，艺术家们的成功证明了这一点，许多成功人士"梅花香自苦寒来"的经历也证明了这一点。

在今天这个喧嚣、浮躁的社会中，做"明星梦""成功梦"固然重要，过好平凡和世俗的生活，努力认真地认知、把握平凡和世俗生活更为重要。因为梦想只有插上现实的翅膀才能飞翔，星星只有在黑暗的夜空中才能显现明亮。只有夯实现实的基础，才能升华

茶生活

平凡的生活，而现实是由平凡和世俗的生活构成的，也就是说，只有经历平凡和世俗，锻炼成长于平凡和世俗中，才能超凡脱俗，获得成功。这也许就是竹叶青（品味）内含的生活哲理吧。

正山堂·金骏眉

金骏眉是以正山小种的嫩芽制作而成的一种红茶茶品。正宗的金骏眉产于福建武夷山自然保护区的桐木关，由原生态正山小种嫩芽手工制作，为正小种红茶第二十四代传人江元勋先生带领团队，在传统工艺的基础上，通过创新融合，于2005年研制成功。因其上佳的色、香、味和由这上佳的色、香、味凝集成的独特的茶韵，武夷山金骏眉自上市后一直有很高的美誉度和知名度，而以江元勋先生为掌门人的正山堂茶叶有限公司所产的金骏眉，目前也已成为中国红茶的代表作之一。

对于"金骏眉"名称的由来，有不同的版本。其中一种说法是，以其条索外形小而紧致，外覆金色的细绒茶毫，汤色金黄，

茶生活

故而取 "金"为名称首字；因茶青只选自生长于武夷山崇山峻岭中的正山小种茶树嫩芽，又期望该款茶能如骏马飞奔般发展，故而以"骏"为中间名；制成的茶品干茶叶状如弯眉新月，而中国茶中有"老君眉"等名茶，故而以"眉"字为尾名，全称为"金骏眉"。由此名称，便可对正山堂金骏眉管窥一斑，展开想象。

据说，正山堂的金制金骏眉每 500 克由 6 万～ 8 万余个正山小种嫩芽制作而成。而观其叶片，确实细小；干茶嚼之，可感其幼嫩，有植物嫩芽的甜鲜味。因叶片细小、干燥而紧致，醒茶时的声音如风过竹林的沙沙声，又似密友间的窃窃私语。醒茶后打开杯盖，是淳厚而清新的桂圆干的甜香，注入沸水，桂圆干的香味直入鼻中后迅速在脑部扩散，尾香化作深山中秋兰的雅香。于是，瞬间有了穿越感，像从桂园收获季节晒着桂圆干的闽西农家小院，一下子进入了闽北桐木关的深山老林之中。

杯中的茶汤是金黄的香槟色，十几道水后，虽色略淡，仍是金黄。茶汤醇厚，入口即有蜂蜜的甜味，且香中带着甜，甜中带着香，而这一甜又有着植物嫩叶的鲜味，与众不同的甜鲜与香圆融在一起，化作满口香甜，直到停茶后的数小时，仍满口余香。这一茶汤的醇厚与香甜绵长，是我所喝过的其他红茶和其他品牌的金骏眉所没有的。我想，这应当是武夷山桐木关特有的自然地理环境，赋予正山小种特有的茶性，以及正山堂传承和创新的工艺所赋予的正山堂金骏眉特有的品质吧！

七、八道水后，正山堂金骏眉汤色依旧金黄，汤味依旧醇厚，香甜，柔绵，盖杯的杯盖香和公道杯的挂杯香依旧头香是桂圆干香，尾香是秋兰香，但入口茶汤的香味和品茶杯的杯底香却出现了变化，秋兰香盖过了桂圆干香，成为主香。十道水后，无论是杯盖、挂杯还是入口的茶汤、杯底的香气都转成了秋兰的雅香，整个身心便陶醉在带着秋兰之香的鲜甜、绵柔的茶汤之中了。

书归正传。以上是正山堂金骏眉的常态茶趣。而在 2015 年，我得到的正山堂金骏眉春茶却是另类，它居然不是桂圆干香和蜂蜜甜，而是新鲜荔枝香和荔枝甜，可谓是正山堂金骏眉中的趣茶！

2015 年春的正山堂金骏眉与其他年份的正山堂金骏眉一样，亦是铁罐所装，一罐 100 克；条索外形亦细小、紧致、秀丽、外覆金色绒毛，颜色黄黑相间，但开罐时，一股新鲜荔枝的甜香扑面而来，取干茶嚼之，亦是带有荔枝香味的水果甜味。

沸水入盖杯，盘旋上升的茶汤气是荔枝的甜香；茶汤入口，荔香带着荔枝甜味，汤汁醇厚、柔绵、润滑。汤色仍是金黄的香槟色，但较之常见的，又微带红色，于是，整个茶汤的色泽更显亮丽。随着冲泡次数的增加，汤味渐薄，汤色趋淡，荔枝甜转弱，而荔枝香则依旧，且未转化为其他的香型。停茶数小时后，口中仍留有余香。这色泽亮丽、带有荔枝甜味、茶意绵长的荔香金骏眉红茶茶汤，如有一种贵妇人样貌，以一种骄人的贵族气出现在我们面前。

在这幸福的微醺中，想起了唐代诗人杜牧的《过华清宫绝句三首》中的"长安回首绣成堆，山顶千门次第开。一骑红尘妃子笑，无人知是荔枝来"。小时候，一直认为之所以"无人知是荔枝来"，是因为包装密封太好，骑者速度太快，路人未能闻到荔枝的香味，或者当时北方人根本不知道何为荔枝。现在看来，毕竟我年幼见识短、认知浅。因为不是荔枝，也可散发出荔枝的甜香，具有荔枝的清甜，眼前这盏 2015 年春的正山堂金骏眉便是一证。茶又给我上了一课，真是世界之大，无奇不有，无物不有异啊！感叹之余，学杜牧诗，为 2015 年春正山堂金骏眉口占打油诗一首：

> 桐木关上红茶醇，桂圆秋兰次第香。
>
> 忽然一日新趣来，教人疑入荔枝乡。

需补充说明的是，我所喝的正山堂金骏眉均为正山堂茶业董事长江元勋先生手书签名款，当是佳品中的佳品，抑或说是顶级极品吧！

中国梦

　　"中国梦"岩茶系列是福建武夷星茶叶公司在2013年开发的一款系列岩茶，由"我的梦""中国梦""世界梦"三款茶组成。

　　我是在2014年春天得到这款茶的。望着这款茶极普通的包装，看到经营者没有特别的介绍，当时我心想，这大概就是一款"办公茶"吧，也就是那种在上班时用于解渴或工作交往和会议礼节用的那类茶。于是，也就不是茶到手便品一泡，而是把它放入储藏室中。

　　直到2014年初冬的某一天，天气阴冷，一人在家，闲来无事，我突然想起了这款茶，很想品尝和评价一下这款茶，于是，从储藏室中将它取出，拆封开喝。

　　按着顺序，第一泡是"我的梦"。"我的梦"是品种大红袍，幽幽兰香在鼻尖上萦绕，茶香入水，茶汤滑润，有小家碧玉式的温婉之感。

　　第二泡是"中国梦"。"中国梦"是水仙，目前武夷山岩茶两大主打产品之一。水仙岩茶的香气是花香类型，由于生长之地小环境的不同，香味也不尽相同。此款水仙的香型是幽幽的桂花香。当然，水仙岩茶的特征在于汤，而不在于香，这款茶体现了这一特征。茶汤清纯，汤味鲜醇，回甘持久，茶韵柔和。喝到第五道水时，茶韵的柔和转淡，茶汤中出现了冷冽、刚硬的岩石之味，不由得想到"外柔内刚""以柔克刚"之类的成语，心中思索万千。

第三泡是"世界梦"。"世界梦"是肉桂，目前武夷山岩茶两大主打产品中的另一产品。肉桂岩茶茶汤香味中的前期香是桂皮香，中期的香味是牛奶香，后期的香味则化为春兰的幽香；其汤水入喉有骨鲠之感，被称之为"茶汤锁喉"。桂皮香的馥郁加上茶汤的"锁喉"感，肉桂便素以霸气著称。"世界梦"岩茶肉桂特征明显，威猛豪迈，霸气横溢。

这三款茶茶韵清晰，茶味悠长。据说，武夷山岩茶核心产区中的不少茶山为武夷星茶业所有，武夷星茶业也是多年来武夷山岩茶产量和销量最大的企业，由此看来，此非虚言。

窗外阴云密布，窗内茶香暖暖。在阵阵茶韵的涌动中，我不免浮想联翩。"中国梦"岩茶系列确是一款普通的岩茶，茶叶普通，包装普通，但正是在细细品尝、慢慢啜饮中，我发现了其内蕴的清正甘香，发现了相应茶叶品种特有的自我的茶味和茶韵。可见，茶只有品，才能知其滋味，才能解其高低，才能悟出大自然的道与理。

武夷星公司的董事长是一位有心人，他以茶叶为笔，阐释了他对政治家所提出的"中国梦"的理解，对人民幸福、国家强盛、民族复兴的期盼。我与这位董事长有几面之交，但不熟，喝过他的好茶，但未及细品，对他的诸多事迹只是耳闻。在细品了"中国梦"岩茶之后，才真正对他敏锐的政治观察力、睿智的商业运作以及对国家、民族的一片赤子之心有所认知。可见，人只有品，才能知其本性，才能晓其品行，才能解读出一个人的行为。

茶在中国，与国计民生相关，到了近代以后，更成为包括政治关系、经济关系、文化关系等在内的国际关系的一大组成部分。而从世界范围看，有时是一些国与国战争的主要原因，如英国对华的"鸦片战争"，其原因之一就是英国社会对中国茶叶的需求，造成其对华贸易的巨大逆差，或者导火索，如美国对英"独立战争"的导火索就是波士顿倾茶事件。

而"中国梦"岩茶系列，则以茶叶本身揭开了茶社会学的一角，使研究者看到，可以从茶叶这片小小的叶子本身出发，或为视角，来分析社会、探讨社会。社会只有品，才能知其内涵，才能明其脉络，才能厘清社会的结构与运行，才能梳理社会功能的组成与作用。

品，是自己真正认知自然、人、社会的唯一路径，也正是品，构成了我们生活的重要和主要的内容。而茶就如一位睿智的导引者，带领我们穿行在自然、人、社会之间，使我们彼此相互认知、相互沟通、相互交流、相互了解，最终融合成为人类的一种生活——茶生活。

老朱婆

　　"老朱婆"是武夷山市老朱婆岩茶厂所产茶，为单品肉桂。"老朱婆"也是武夷山天心村村民对本村一位女茶农的昵称。据说，到目前为止，"老朱婆"是武夷岩茶中唯一一款由一位武夷山土生土长、长大后又在武夷山以种植、制作武夷岩茶为主业的女茶农，以本村村民对自己的昵称命名的武夷岩茶茶品。

　　在电焙还未进入武夷山前，武夷岩茶最后一道工序：焙火使用的是炭焙工艺。炭焙对武夷岩茶的品质有着提升、补缺的功能，是武夷岩茶制作中重中之重的一道工序，历来被茶农倍加重视，炭焙高手也被尊称为"炭师傅"。老朱婆的外公当时就是一位著名的"炭师傅"。这位黄姓"炭师傅"生养的三子一女中，三位在武夷山做岩茶，一位成了文人，但其著述仍以武夷岩茶为主要内容。而也许是祖上经验所传，也许是作为岩茶世家的信念所致，这做岩茶的两子一女及所生育子女始终坚守着武夷岩茶的生产和制做，即使在武夷岩茶不景气，不少茶农砍茶树转产，甚至出售自己的茶山之时，又即使在自己的孩子已通过求学成为公务员之后，他们仍坚守岩茶的生产与制作，拥有自己的岩茶品牌和特色茶品。三儿子家的"瑞泉"茶品已成武夷岩茶的一张名片，而孙子辈的黄圣亮也被评为国家级非物质文化遗产项目之武夷岩茶制作工艺的第一批市级传承人（共十人）；大儿子家以"石中玉"为商标的老枞水仙被不少茶友认为是武夷岩茶水仙茶品中汤味最柔的一款，将其称之为"春淙醉柔"。而女儿家的品牌就是"老朱婆"，其单品肉桂颇具特色，广受好评。

　　据说，"老朱婆"的丈夫是公务员，毕业于一所老牌政法大学，老朱婆则是地道的茶农，每到制茶季节，她丈夫都会利用年休假帮助照料和管理，颇受村人称赞。老朱婆的茶山在正岩，为20世纪80年代分得。与她的兄弟一样，制茶主要是出于兴趣和信念，所以

在生产与营销中具有茶农的质朴无华，不仅只制做自己山场的茶叶，也只销售自己制做的茶品。目前，她家最高档的茶品名为"好的肉桂"。我的一位朋友喝了"好的肉桂"后想买十斤，拍了包装袋照片发她，老朱婆回复说，这个包装的"好的肉桂"已卖完，没有了。于是，这十斤茶的生意就不做了。由此呈现出的是包括茶农在内的伟大的中国农民传统品格，令人赞叹！

"老朱婆"岩茶是一个系列茶品，我喝过的有："老朱婆""老朱婆·朱妈妈的茶""老朱婆·好的肉桂"。相比较而言，"老朱婆·好的肉桂"质量最稳定，呈现出某种武夷岩茶制作工艺传承人的茶的品质。

"老朱婆·好的肉桂"的干茶色泽黝黑、兰香清新。沸水入杯出汤，汤色棕红，像陈年绍兴黄酒的酒色；汤香是清新悠长的春兰香，尾香又跳出微微栀子花的花香；杯盖香和杯底香是淳厚的桂皮香，带着时隐时现的砾石味。而在七、八道水后，汤香中也出现了武夷岩茶特有的砾石味，这使得整个汤香呈现出某种豪放的意境；总体汤味柔和、醇厚、润滑，茶香入水。第一至五道茶汤带微酸，涩而回甘快，这使得茶汤入喉后的颊齿生津带着满口香甘鲜，余味无穷。茶汤的茶气足，第二道茶汤入腹就气通，嗝声连连。茶底色黑，叶片完整而柔软。与其他正岩茶一样，用这茶底搓手、脸，至茶底成末状，掸去茶末，手、脸的皮肤变得柔软润滑。

喝着"老朱婆"岩茶的茶汤，看着"老朱婆"岩茶的条索叶片，我会想起1990年末至2000年初国内流行的一首歌曲："黑黑的嫂子"

（又名《嫂子颂》）："嫂子，嫂子借你一双小手，捧一把黑土，先把鬼子埋掉；嫂子，嫂子借你一双大脚，踩一溜山道，再把我们送好；嫂子、嫂子借你一副身板，挡一挡太阳，我们好打胜仗。噢，憨憨的嫂子，亲亲的嫂子，黑黑的嫂子……"

　　"黑黑的嫂子"是一部有关东北抗日联军抗击日本侵略者题材的电视剧中的插曲，而无论在抗日战争时期，还是在国内解放战争时期；无论在解放区，还是在游击区，亦或在敌占区，到处都有这样的嫂子。她们生在农家、长在农家、嫁入农家，是农家兄长的妻子，性情豪爽，意志坚定，性格坚强，个性淳朴，做事果断利索，为人大方周到。她们一肩挑着家庭重任，忙完田头忙灶头，抚养孩子，照料老人；一肩挑着革命重任，送情报，作掩护，做军鞋，照料军队留下的伤病员，为路过借宿的指战员烧水做饭……她们是红军家属，她们是妇救会主任，她们是堡垒户中的主妇，她们是支前模范，她们的共同名字是"嫂子"。而"老朱婆"岩茶嫂子般的豪爽、淳厚、悠香的茶意，就是给人这种农家嫂子般的感觉。

　　据说，老朱婆也是个性豪爽，办事风风火火，有点像抗日战争时期的妇救会主任。这提示我，在制茶人的性格与所制茶品的性格之间也许存在着某种关联，就如同古话所说：文如其人，字如其人，想必茶也会如制茶人吧！此间存疑，以备后考。

　　我喝的"老朱婆"岩茶是原武夷山市委宣传部部长郑春所赠。郑部长在武夷山工作了十几年，熟悉武夷山，热爱武夷岩茶，也有许多茶农好朋友，后因工作需要调入福建省委宣传部工作。2016 年在省内进行非遗文化项目的调研中不幸因公殉职。我跟他谈过对"老朱婆"岩茶的茶感，他也跟我说起过老朱婆的个性，我们曾一起探讨过做茶人的性格与所做茶品的性格之间的关系。我曾与他相约在武夷山再聚时，共同品茗，再深入探讨这一议题。可惜，他匆匆走了。惜哉！痛哉！我答应过郑春部长要写一写对"老朱婆"的茶感，谨以此文践诺，也以此文纪念我喝武夷岩茶的引路人之一的郑春部长，相信天堂中会有武夷岩茶与他相伴。

玉女袍·木箱陈茶

　　武夷山人对岩茶陈茶和老茶的界定很是分明。陈茶是至少存放了3年以上的茶，而老茶则是从老茶树上所采摘的青叶制作的茶，如百年老枞。虽然武夷山人对武夷岩茶素有"三年为药"之称，陈茶常被作为治疗感冒、咳嗽、胃痛、咽喉肿痛等疾病的良药。但此为药用，非为茶品，且仅为民间药用，所以，在过去，武夷岩茶陈茶的存量很少。近年来，随着陈茶对治疗高血压、高血脂、高血糖辅助作用的发现，以及人们对中医药信任度的恢复和不断提升，品喝武夷岩茶陈茶

茶生活

之风逐渐流行。在 1990 年—2000 年，厂家和商家因武夷岩茶价低或滞销，存货的陈茶就为此风的流行提供了物质基础。据说，近来在福建，寻陈茶、品陈茶、斗陈茶已成为许多人的休闲之乐，从而形成了诸多的品喝陈茶的朋友圈。

木箱陈茶是玉女袍茶业张春华女士的私房茶，只品喝不出售的正宗私房茶。初听此名，以为是"木香陈茶"，即有木头香韵的陈茶，经解释，才知道"木箱陈茶"实为封藏于木箱中的陈茶，真是十分质朴的命名，恰如张春华女士之为人做事。

木箱陈茶封存于 1996 年。当时，春华是武夷山市茶叶总厂的职工，因岩茶滞销，厂里要职工帮助推销，每人分到几百斤的任务，她最后剩下一箱（大约几十斤）未销完，就一直存放在家中，一直

也未开箱，权且作为自用之茶。直到 2014 年，整理库存时，才突然看到这箱茶，开箱验品，醇香独特，于是如获至宝，成为独家私房茶。因已忘记该款茶应为何品种，且又是存放于木箱之中，为方便起见，这款陈茶便被叫称作"木箱陈茶"。

木箱陈茶虽是陈茶，但它的茶汤却有一种新鲜木头

原生岩茶 珍藏

玉女袍

传统工艺：中足火炭焙，茶以花香及果香为上。汤水橙黄明亮，琥珀色，入口甘爽滑顺，质感醇厚，味足韵显。九泡十泡余味存。

干茶色泽熟褐油润带宝色，条索紧结壮实。冲泡后叶底柔软亮泽，韵味幽雅。

【冲泡】九十度以上沸水冲泡，中过水，随泡随饮。

【贮存】阴凉、干燥、通风，防潮防异味。

【保质期】五年。

的香味。我对植物分类不熟，只觉得茶汤入口，满口就像走进了锯木场的那种浓浓的木头香味。而它的杯底香又与茶汤香不一样：杯底香好像是走进了北方秋天森林闻到的那种树木的醇香。木箱陈茶的茶汤是深棕色，如深秋树林之色，汤茶味浓郁而醇厚。木箱陈茶很耐泡，第十二道汤时，仍茶香扑鼻，茶味厚滑。在第七道水时，故意坐杯三分钟，茶汤仍无涩味，说明这茶的生长的山场是在正岩。

　　木箱陈茶没有多数陈茶带有的酸味。至第七道汤时，它还开始有了甜味，是那种植物特有的清爽、淡雅的甜味；第十五道汤时，又开始显现新鲜茶叶原有的那种植物鲜爽味，木香转化为茶香，并带着淡淡的甜味。武夷岩茶的所谓"活"在这里又体现出来了——存放了16年的陈茶就在这慢慢润泽浸泡的过程中，重又鲜活起来，成了新鲜的茶。这又是武夷岩茶不同于其他茶类的一大奇妙之处！

茶生活

四大名枞

与现在普遍种植的肉桂、水仙为当家品种相对应的，在武夷岩茶中传统的四大名枞：白鸡冠、铁罗汉、水金龟、半天妖为种植量小的小品种茶，其稀缺度较高，能得以品尝纯种的机会也较少。

十分有幸，这四大名枞我都品过，当然是纯种而非以拼配冒名的，并且，还享用过不止一家厂商的产品。经常有人问我，武夷岩茶中的"四大名枞"是什么？特点是什么？故而，想以自己的茶感为基础，在此间对这"四大名枞"分别作一综述性的简介，权作一家之言，用以抛砖引玉。

尽管现在有的厂商以营销为目的，对四大名枞进行排序，但实际上，四大名枞各有所长，各有特色，并无谁先谁后之分。排除噱头之作，此间简介茶品之先后无排序之意，特此说明。

四大名枞中的白鸡冠的干香是清雅的花草香。沸水入杯出汤，汤色黄中微绿，有一种阳春三月莺飞草长的清新；汤香是淡淡的栀

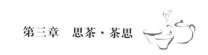

子花香，一般四、五道水后，汤香转为带有薄荷味的清爽的青草香；茶汤柔滑，汤味有带河鲜，尤其是河蟹腥味的植物鲜味，有回甘，且鲜味与回甘一起构成岩茶中独一无二的甘鲜味。白鸡冠茶韵悠长，茶气足，喝后浑身透汗，与清淡的茶色和柔滑的汤感形成强烈反差。它的茶底绿中带黄，黄中有白毫闪动，薄如丝绸，并如同丝绸般柔顺光滑软绵，摇青形成的叶边红色十分明显，展开叶片可见清晰的"绿叶红镶边"，清雅而美丽着。所以，白鸡冠也可以说是最清新优美的武夷岩茶。

较之白鸡冠的清新优美，铁罗汉可谓是雄武威猛。铁罗汉于清乾隆年间问世，至今已二百余年。它的干茶是绿褐色的，有着浓郁的夏末初秋的山野兰花之香。沸水入杯，出汤，汤色是棕黄色的琥珀色；汤香先是浓郁的秋兰之香，四、五道水后转为混搭的果香；铁罗汉汤味厚实、润滑、饱满，茶汤嚼之如有物，咽之有滞阻感，几杯入腹便生饱腹感，当然，不久便是好岩茶都会带给饮者的饥饿感：胃中茶汤满满与饥饿夹杂在一起，加上茶气引发的汗意，是一种十分奇异的感觉。铁罗汉茶底是镶着朱红边的褐绿色，叶片虽粗糙，但柔软，捻之，有一种粗糙的柔软与柔软的粗糙交织缠绕的奇特感觉。茶底背后叶脉突出且有一粒粒的如沙粒般的突出白色点，是典型的"蛤蟆背"。铁罗汉具有明显的武夷岩茶"岩骨花香"的特征，因此，旧时也以"铁罗汉"称谓于所有的武夷岩茶，而在茶博会或茶交会上，冲泡拼配了铁罗汉的武夷岩茶，以其威猛的茶香吸引来客，也在今天成为武夷岩茶厂商们一大销售之道。

四大名枞中的水金龟，其干茶为青褐带绿色，有着幽细的花香。沸水入杯，出汤，汤色金黄或橙黄，随着水纹的闪动，一闪一闪地有金光泛出；汤味清醇软滑，入口即化为满口清甜；汤香是幽幽的冬日蜡梅香，且如杭州灵峰探梅景点的冬日蜡梅一样，时有时无，似有似无，刻意寻之寻不得，无不经意间却又有一缕梅香扑面而来。真是个千峰寻梅无梅踪，忽然一缕扑面来，令人不得不静下心来，细细寻访，细细品之，慢慢饮下一杯带有梅香的柔、甜的金色之茶，这是一款无静心不得品饮之茶，也是一款能让人静下心来安详地品饮之茶。与四大名枞中的其他茶品相比，水金龟更是一款让人品尝"汤之美"的茶品。所以，武夷山人素有喝铁罗汉闻香（茶香），喝水金龟品水（茶汤）之说。水金龟幽香柔甜，但茶气却很足，有一种柔中带刚之感。水金龟有君子之风：不急不躁，安静安宁，柔情钢骨，以德感人，以德教人。所以，如以茶语命名之，我愿称水金龟为"谦谦君子"。

必须指出的是，第一，水金龟的汤香为蜡梅香，而非已有谬传的梅花香——春梅之香。虽同为梅花，蜡梅的幽香与春梅的雅香乃至丽香是完全不同的。第二，要知水金龟的"汤之美"还得知晓蜡梅的香味。曾有友人因不知蜡梅香味而不得水金龟之幽香，谓之无香。友人到了杭州，在冬日至灵峰探梅知晓蜡梅之香后，才知水金龟真香何在。为使饮茶人更好地享用水金龟，特此提醒之。

在四大名枞中，半天妖是最具神秘感的一款茶。比如它的茶名，一款"半天妖"有四个名称：半天妖、半天夭、半天腰、半天鹞，

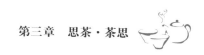

而在这四个名称之后，又有四个与该茶来源相关的四个故事。

一为悲情玄幻版。据说旧时，在该款茶母树所在的兰花峰间，有一座佛教女出家人寺院，即民间所说的"尼姑院"。女尼们从兰花峰生长的茶树上采摘茶青制成的好茶，有着独特的色、香、味，许多香客闻名而来。有一年，一位女尼在险崖上采摘茶青时，不慎失足掉落悬崖身亡，从此，每到五月的采茶季节，女尼们常会看到一位穿着白色尼袍的女尼在茶树间或茶树上如神仙般飘然来去，进而茶味也更为甘醇浓香。为纪念这位姐妹，女尼们将该款原来无名的茶取名为"半天妖"。

二为画家写意版。该款茶的母树在兰花峰第三峰，兰花峰高陡，状如兰花盛开，春秋天繁花处处，如画似锦，更见山间茶树鹅黄翠绿，美丽无比，加上这款茶蜂蜜香浓郁，借《诗经》："桃之夭夭，灼灼其华"，制茶人将其命名为"半天夭"。

三为自然地理版。该款茶生长在兰花峰第三峰半山腰的危崖上，似在半空中，故名"半天腰"。

四为寺庙传说版。武夷山天心禅寺的方丈在梦中看到一只口衔绿宝石的山鹞，被恶鹰追赶，慌乱中将宝石掉到了兰花峰的半山腰，醒来后，便派庙中小僧到兰花峰寻找。小僧从蓑衣峰翻山越岭到兰花峰，用绳子吊着下到了半山腰，只找到几粒绿色的茶籽。小僧小心翼翼地将茶籽带回寺中。方丈得之，交小僧培育，成茶树长大后，又移栽到兰花峰扩大种植，成为武夷岩茶之新品种。因该茶籽来自人迹难到之处，方丈认为是山鹞带上去的，加之又因梦到山鹞而寻到，故将这款茶命名为"半山鹧"。而这一寺庙传说版的另一版本：科学普及版，则简明扼要。该款茶的母树长在兰花峰第三峰的悬崖峭壁上，人迹罕至，应为山鹧口衔或排泄茶籽于其间而长成茶树，故得名：半天鹧。

就我而言，更倾向于"半天妖"之名，这是因为喜欢这由武夷山的云雾带来的想象。相信茶与女人的因缘；因为自己在性别研究中，知晓男人撰写的历史是如何遮蔽乃至湮灭了女人的存在与价值，使得妇女只能更多地在民间故事和神话传说中呈现；因为自己也是女人，一个更倾向于站在妇女的立场上对待女人、观察社会、考察文化的女人。任何叙述都是建构，包括历史的建构和知识的建构。我愿在此继续"半天妖"的建构之路，为从妇女的经历和经验重写历史、建设妇女知识的殿堂添砖加瓦。

"半天妖"在清代即有，但产量极少，在近代已近罕见。1979年经武夷岩茶普查被发现后，半天妖得到了保护与人工栽培，1980年又被扩大种植，目前，半天妖虽仍属珍稀品种，但市面上也非鲜见了。

半天妖的干茶为黄褐色，香气如秋兰而带有蜂蜜之香。沸水入杯，出汤，茶香馥郁厚重，阵阵秋兰的浓香夹着蜂蜜的甜香和桔皮的清爽之气，四处飘散。四、五道水后，兰香转幽而蜜香转为主香，辅之以桔皮香，香气悠长。汤色为润泽的明黄色，如一块上好的田黄，温润地静候在杯中；茶汤醇厚，入口后舌头两侧微涩，随即化为浓而绵长的回甘，润喉沁肺。三、四道水后，茶汤中有岩石的冷列之味显现，而茶气的充足也使得饮者从头部开始，继而身体发热并有微汗透出。茶底黄褐微绿，柔软而略带红色的斑点，有光泽闪亮。"半天妖"的神秘与特有的茶韵，可以用四个字形容之：繁花重嶂——繁花迷人眼，重嶂多迴路。

对于武夷岩茶的"四大名枞"，想多说几句的是：第一，关于这"四大名枞"的品种，也有因半天妖的曾经湮灭或难寻，而以大红袍替代之，谓之为白鸡冠、铁罗汉、水金龟、大红袍的。但从尊重历史出发，我坚持认为武夷岩茶的"四大名枞"应为白鸡冠、铁罗汉、水金龟、半天妖，而非其他；第二，出于各种目的和原因，也有人添加了大红袍后，将"四大名枞"说成"五大名枞"的。但武夷岩茶传统历史中"四大名枞"为"四大"而非他数，同样，从尊重历史出发，我坚持武夷岩茶"四大名枞"的认知：只有四种，唯有四种。第三，有人对"四大名枞"有排名。我认为，尽管铁罗汉曾为武夷岩茶的通称，但作为名枞，它只是之一。"四大名枞"各有其美，对天然之物的排名，乃是对天然之物的亵渎，对大自然的亵渎。因此，我在此对四大名枞的排列只是想到写之的排列，而绝非孰先孰后，孰高孰低的排序。第四，我此间对四大名枞的评价，只是对已有茶感的评价，也许时过境迁心情变，我又会有不同的茶感和茶悟，这也是品茶妙处和趣处的一大所在。第五，此间我对四大名枞的评价只是对相关茶品基本特征的概述。事实上，产地和气候条件的不同，制茶人和商家因制茶理念和工艺的不同，茶品储存时间和空间的不同等，四大名枞即使茶品种相同，如同为白鸡冠，

茶生活

其中的不同茶品往往带有不同的特点，形成自家的茶韵。可以说，有多少个产地和气候条件，就有多少个各异的四大名枞；有多少个制茶人和商家制售四大名枞，就有多少种各异的四大名枞。当然，其基本特征是必备的，否则就不是"四大名枞"，而是别的茶品了。

女性主义者论喝茶

我从不认为自己或将自己称为某某主义者，因为我确信，只有充分认知、真正理解、准确把握、全面认同了某一主义，才能认为乃至将自己称为某一主义者。所以，尽管我多年从事妇女与性别研究，当有人称我为"女性主义者"或"女权主义者"时，我都会加以否定，并认真说明为什么我不认为自己是"女性主义者"或"女权主义者"的原因——因为我不认为自己已充分认知、真正理解、准确把握、全面认同了女性主义或女权主义。所以，我自认为不是女性主义者或女权主义者。当然，我多年从事妇女与性别研究，对女性主义/女权主义的理论较为熟悉，女性主义/女权主义理论已成为我日常观察和思考的惯常路径之一。于是，即使在喝茶时，不时也会有女性主义/女权主义的思考飘浮在茶香中，流淌在茶汤里。本文便是对相关杂想的一点记录。

"女性主义"与"女权主义"都是中国大陆对英文 feminism

一词的译名。之所以会有这样两种译名，其原因、历史沿革、出现背景及其不同译名所蕴含的不同理念，等等，有不少相关的学术论作加以阐释，感兴趣者可通过检索加以阅读和研讨，此间不多赘言。基于对"女性主义"这一概念的更多认同；本文以"女性主义者论喝茶"为篇名，而对所论及的主流女性主义的基本理论的解释，则是以我对该理论的一种理解为基础，希望以管窥之见将女性主义理论运用到对最基本和最基础的日常生活的观察与研究之中。

某天喝茶之时，忽然想到，如果一群不同流派的女性主义者在一起喝茶、说茶会有怎样的论述？基于自己对女性主义理论的认知，我想就主流女性主义的基本理论而言，其中不同流派的女性主义者会有如下不同的观点吧。

❧　自由主义女性主义者

妇女也是人，应该享有与男子同等的权利，妇女的权利也是人权。所以，妇女与男子一样，有喝茶与不喝茶的权利，喝这种茶或那种茶的权利，在什么时候喝茶或不喝茶的权利，在什么地点喝茶或不喝茶的权利，在什么场景喝茶或不喝茶的权利，与什么人一起喝茶或不与什么人一起喝茶的权利，出于什么原因喝茶与不喝茶的权利，为了什么目的喝茶或不喝茶的权利。总之，妇女在喝茶这件事上，与男子一样拥有完全的自主决定权、自由选择权和自我裁定权。

❧　马克思主义女性主义者

不仅仅是传统的性别规范的变革，更重要和首要的变革是推翻资本主义制度，改变资本主义经济关系，建立和巩固相应的物质基础和物质保障，妇女才能真正得到解放，实现男女平权。所以，不仅要变革与喝茶相关的传统性别规范（包括观念、资源配置、角色身份、分工、行为准则等）。更重要和首要的是要建立和巩固相应的物质基础和物质保障，使妇女有能力和有条件实现和实践喝茶权利，在喝茶这件事上，达到男女平等。

❧　社会主义女性主义者

传统性别规范与资本主义制度是相互依存和相辅相成的，两者联手共同实施着对妇女的控制、剥削和压迫。必须在推翻资本主义制度的同时，促进传统性别规范的变革，妇女才能获得全面的解放。所以，改革与喝茶相关的性别规范，改变与喝茶相关的性别现象，如生产经营过程中的"男上女下""男将女兵"（如男子更多的是经营管理者，妇女更多的是一线工人或服务人员，以至形成"采茶女工""泡茶小妹"而非"采茶男工""泡茶小弟"之类专门的职业性别称呼）；消费过程中的"男高女低""男主女从"（如，在高消费者中男子占多数，在低消费者中，妇女占多数；更多的是男子而非妇女在茶消费领域中占据主导地位）；在喝茶地点上的"男外女内"（更多的是男子而非妇女在公共场所进行茶消费活动，并且得到更多的社会认可，而妇女在家中品茶被认为是一种值得赞美的"情调"）等，必须与推翻资本主义制度同时进行。这样，妇女才能真正且全面享有与男子平等的喝茶权利。

☙ 激进女性主义者

男权及其建立在男权基础上的父权制是妇女受控制、剥削与压迫的根源，只有妇女与男子区隔，建立一个以妇女为中心的社会，妇女才能真正实现解放。所以，妇女喝茶与男子喝茶之间必须有明确的分隔线，要有专供妇女的茶品，更有利于妇女使用的茶具，尤其是要建设更具妇女适宜性和适用性的妇女专用的茶消费场所，如妇女茶室等。这样，在经常带有男权至上或男性主流思维的男女共用茶品、茶具、喝茶空间、喝茶方式等中，妇女才能真实地体验到作为妇女的自我存在和价值，实现身心的全面解放。

☙ 生态女性主义者

对于孕育生命的共同经历使得妇女与大自然之间有着更强的亲缘性和亲和性，妇女更重视生态保护，更关注地球的可持续发展。

茶是一种自然物，所以，在茶领域，无论是生产、经营还是消费（包括饮茶之类的物质消费和茶文化之类的精神消费），妇女应该也可以发挥更大、更重要的作用。打破茶领域中的男子霸权与男性主流，改变茶领域中的传统性别理念和性别规范，扩展和增强妇女的主体性和主体力量，使妇女成为茶领域中的主力军和主导力量是茶的可持续发展的前提条件和不可或缺的基础。

✑ 后现代女性主义者

妇女是社会塑型和建构的，没有天生的妇女。在不同的文明类型、不同的历史阶段、不同的社会制度中有着不同的妇女的事实，就证明了这一点，而男子也是如此。所以，所谓的"女人茶""男人茶"之类茶品的划分，茶领域中常见的性别分工、性别规范和性别行为等等，都是男权与男性主流社会塑型和建构的结果。基于妇女和男子的多样化存在和应有的个性化存在，在茶领域中，无论是生产、经营还是消费，也应该是性别多样化和性别个性化的，而不是性别模式化和刻板化的，乃至是传统的性别模式化和刻板化的。

✑ 后殖民女性主义者

妇女包括了各种族、民族与族裔的妇女，包括了发达国家、发展中国家和欠发达与后发展国家的妇女，包括了不同文化类型中的妇女，包括了各阶级妇女，包括了不同年龄的妇女，包括了不同生活经历的妇女，如此等等，不一而足。多样化的妇女生存决定了多样化的妇女经验与妇女知识，而各种妇女经验和妇女知识都是有价值的。必须反对女性主义领域中的霸权，尤其是已成为女性主义主流的西方女性主义霸权，重视开发和凝炼本土女性主义经验和知识，强化和扩展本土女性主义的影响力。所以，在关注妇女的喝茶权利、总结妇女的茶经验和茶知识，提升妇女在茶领域的主导作用时，种族、民族与族裔，国家和地区，文化类型，阶级，年龄，生活经历等视角是必不可少的。

女性主义理论流派还有许多。有关喝茶及茶的讨论乃至争论还会一直进行。而在相关的讨论和思辨中，我们也可以看到不同流派的优长与不足，引发人们的思考。因此可以说，女性主义理论进入茶研究，为女性主义研究和茶研究开创了一个新的方向，也为女性主义研究及妇女与性别研究的生活化——日常生活成为主要研究议题及研究成果进入日常生活，开拓了一条新的路径。

茶研究应具备的三个重要视角

就总体而言，作为一种国际潮流，近年来，包括自然科学、人文社会科学及跨学科、综合学科研究在内的所有学科的学术研究，以及理论研究、应用研究、行动研究等都强调必须具备性别、种族/民族与族裔、阶级这三个重要视角，并认为，如果缺乏这三个重要视角，任何研究及其结论，就有可能或是带有性别偏见或是带有种族/民族与族裔偏见、或是带有阶级偏见，至少是存在这三个方面盲点。因为这些研究与结论是以对某一群体（如，男性群体或白人群体或中产阶级）的研究与结论来推论总体，所以，相关研究与结论是缺乏可信性和有效性的。

由此出发，在中国，包括自然科学、人文社会科学及跨学科、综合学科研究在内的茶的学术研究、理论研究、应用研究、行动研究（包括政策研究、商业策划研究、规划研究等），就总体而言，也应该具备性别、民族与族裔、阶级这三个重要视角，纠正相关的偏见，消除相关的盲点，从而使茶更全面地进入人们的生活，成为人们日常生活中重要的组成部分与重要内容。

具体而言，以性别视角为例，在性别研究中，学者们认为人有5种性别：

（1）以性染色体决定的基因性别；

（2）以性激素决定的生物性别；

（3）以性／生殖器官决定的生理性别；

（4）由心理认同决定的心理性别；

（5）以社会—文化规范及个人对这一规范的认同决定的社会性别。

其中，社会性别不仅是个人的心理——行为特征，更是一种社会性的制度，对人们的性别进行划分（如，何为男人、何为女人），对人们的性别行为进行规范（如，男人应该做什么、怎么做，妇女应该做什么、怎么做），对资源进行性别分类配置，形成一种具有强大压力的性别文化。将社会性别制度（简称性别制度）这一概念引用到茶领域，我们可以看到这一领域中存在的性别差异、性别隔离、性别偏见、性别歧视、性别不平等现象，以及这一现象背后的性别制度及其机制与机制性运作。这一机制及运作可制图如下。

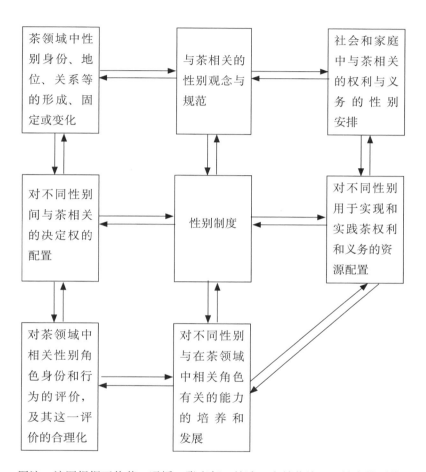

图注：该图根据王佐芳、冯媛、张李玺、杜洁、李慧英编：《社会性别培训手册》（2008，联合国开发署驻华代表处出版）中的"社会性别运作图"修改而成。

茶生活

　　从图中可见，性别制度的机制的核心是性别制度，而机制各部分之间及其各部分与核心之间是相互关联、相互依存、相互影响、相互作用、相辅相成的，无论是核心还是相关部分的运作都会形成整体性的循环——回馈，形成总体效应。如"男主女从"是传统的性别规范，在这一规范下，在茶领域，男子更多的是主导者——管理者和消费者，拥有更多的权利，妇女更多的是从属者——生产工人和服务人员；在管理和消费方面更多地承担义务→男子拥有更多的社会和家庭资源，妇女处于劣势地位→男子的管理和消费能力得到更多的有意或无意的培养和发展，妇女的生产和服务能力得到更多有意或无意的培养和发展→社会形成男人经营管理能力强，适合做茶业老板；妇女心灵手巧，适合做采茶女工或泡茶小妹的评价及观念，并认为这是男女天生有别所致→在茶领域，掌门人中男人占绝大多数，而绝大多数的重大事务决定权也掌握在男人手中→茶领域中形成男高女低、男主女从、男优女劣、男强女弱、男尊女卑的性别角色身份、地位与关系，并得以巩固→男主女从、男高女低成为茶领域中普遍的性别观念和规范，从而原有的性别制度得到整体性的稳固和持续。而这一运作又从整体性别制度得以稳固和持续开始，形成回馈运行路径，强化和固化了各部分机制的运作，最后又落回起点。由此循环往复，并在这一不断的循环往复中，性别制度在茶领域结构成一个稳定、牢固的网络化体系。也正是由于这一体系的网络性和循环——回馈性，任何一个部分即使是微小的变化，也会积累扩大，最后形成变革性的力量。如，女子教育，尤其是女子高等教育的发展，培养和发展了妇女经营管理能力，使得妇女在茶领域中的角色身份发生变化，妇女的管理经营能力得到认可，妇女在茶领域中的决定权扩大和增强，男高女低、男主女从的性别社会地位和性别关系发生转变，社会观念发生变化，茶领域中男女的权利与义务分布发生有利于妇女的变化，与之相关的资源配置中的男优女劣态势也逐步走向平等，进而传统的性别制度出现了现代化的转型，并形成回馈运作，循环往复，使茶领域成为促进妇女发展，推进性别平等的一个重要领域。传统的性别规范和性别格局逐步从松动走向瓦解，现代的性别规范和性别格局逐步建立和巩固。

　　与性别分析一样，对茶领域的种族及民族与族裔分析和阶级分析也是十分有意义和有价值的。我们进行相关的研究，不仅有利于学术研究的发展，更能推进社会全面实现良性运行和积极发展。

　　除了单维度仅以性别或阶级、种族或民族与族裔的视角进行研究外，将这三大视角综合，对茶领域或在茶领域，还可进行双重或三重交叉视角的研究及比较研究，如对少数民族茶业从业者的性别分析、阶层分析以及民族间的比较分析；对茶业从业者收入的分性别、阶层、民族的分析；对茶消费者的性别、阶层与民族的分析，以及相关的年龄、收入、受教育程度、婚姻状况、地区等的比较研究。多维度、多层面、多向位的分析可以更清晰地厘清茶领域的结构与功能，把握茶的变化与发展规律，使茶在促进社会良性运行中发挥更大的作用。

　　总之，在今天，打破传统的研究思维，改变传统的研究模式，

茶生活

突破传统的研究框架和范式，将性别、民族与族裔、阶级这三个重要视角切入茶领域的各类研究，以及与茶相关的各类研究中是必须的和必要的，也是可行的；是具有重大意义的，也是具有重要价值的，期待着有更多新的相关研究成果问世！

当社会学家在一起喝茶

写完了"女性主义者论喝茶"和"茶研究应具备三个重要视角"，似乎耳边有人说："你的研究领域是社会学，女性主义与性别只是你的一个方向，你不能忘记社会学与茶吧！"于是，我眼前就出现了一桌正在喝茶的社会学家，每个人正在从各自的流派对茶高谈阔论。

✆ 马克思主义

私房茶是私有制的产物之一，人们对不同茶的消费，也代表着不同阶级的经济收入、社会地位、消费理念和生活方式等，茶的历史更是一部阶级间剥削、压迫和反剥削、反压迫的阶级关系史。

✆ 韦伯学说

茶是一种理念和价值观的产物，是一种理念和价值观的载体，是一种理念和价值观的体现。这种理念和价值观决定了人们所在社会的社会存在，也导引着所在社会的方方面面，包括生活方式和行为规范。如儒家文化影响下形成的中国茶讲求的和、清、敬、寂，而和、清、敬、寂的要求又建构了中国茶品的特征、品饮茶的行为规范等；在欧洲绅士文明规范的框架下，英国茶体现的是贵族品味以及对贵族精神的培养。

✎ 涂尔干学说

喝茶是一种个体行为，但也具有超越个体而存在的社会性。当这一社会性获得所在社会的认可时，作为一种社会事实的喝茶，对于作为个体具体行为的喝茶，也就有了约束性和规范性。

✎ 功能主义

以茶为核心形成的茶社会是一个复杂体系，其内部各个组成部分协同合作，产生了茶社会的稳定和团结。而对茶德的共识则是维护了茶社会的秩序和安定。

✎ 结构主义

茶是建构社会的构件之一，与其他构件一起，共同架构了整个社会。而作为一个多维、立体性的构件，茶具有自己独具特色的内部结构和运作，并在外部运行中与其他社会构件产生互动和联系。由此，茶的主体性结构和结构性运行形成了茶与众不同的社会功能。

✎ 冲突理论

茶领域并不是稳定和团结的，而是波动和分化的。与茶相关的资源配置的差异、与茶相关的利益诉求的差异、对茶需求与追求目标的差异、不同的利益群体的存在与分化组合，等等，各种因素的存在与相互作用，使得茶领域内部矛盾永存，冲突时现。

❧ 社会行动论

在大街上与贩夫走卒一起喝大碗茶时大声喧哗，文人雅士在雅室品饮明前龙井茶时温文尔雅，人们根据环境、茶品、同饮者等的不同调整着自己的行为，以应对或适应彼此和所处的社会环境。

❧ 符号互动主义

喝茶在许多时候喝的不是茶，而是财富、地位、权力、声望、名誉、交易、情调、感情、美感、哲思，等等，这时茶已转型为一种符号，人们喝的只是符号。而他人也更多地只是从这以茶为载体的符号中认识彼此和进行互动。

❧ 福柯理论

茶是社会规训人们的一种工具和载体。人们在有关茶的行动和活动中（如生产、经营、消费等）接受规训，最后，绝大多数人将规训"内化"，成为被社会规范化了的遵从者和认同者。

❧ 默顿理论

当社会肯定拥有财富的多少，是人生成功与否的一个标志，而某一茶品又成为货币的一个替代物时，在那些难以从正规途径获得人生成功者中，就难免会有一些人运用包括违法犯罪在内的越规手段去获得这一茶品，以实现或表明自己人生的成功。

❧ 法兰克福学派

资本通过对文化的商业化运作，生产出有关茶的平庸化、标准化的工业流水线式文化产品及其产品的传播，从而降低了个体对茶品和茶文化的独立思考能力和自主品鉴能力，缩小了人们对茶品和

茶生活

茶文化的思考空间，真正的文化与艺术被淹没在商品化的潮流中。

⌒ 布希亚理论

在互联网上，茶品的买卖是一种虚拟的茶品与虚拟的货币之间的买卖。通过大众观看、评论、参与，这一虚拟的交易就转变成一种社会的现实——社会性事实，这就叫做"虚拟现实世界"。

⌒ 弗洛依德理论

喜欢喝什么茶，是一个人潜意识中欲望的反映。这一欲望平时潜藏在人们意识的深处，在人们不知不觉中，通过喝茶等这些细小的行动或行为展露出来。

⌒ 马斯洛理论

在许多时候，人们饮茶并不是出于生存或安全，这些人类最基本的需求，而是出于人际交往或自尊的需求，甚至是为了满足自我价值实现这一最高层次的心理需求。就喝茶而言，人的需求也可分为生存、安全、人际交往、自我尊重、实现自我价值这五个层次。

⌒ 瑟萨兰文化理论

在饮茶过程中，人们习得知识，了解规范，传承文化。所以，茶叶也是一种文具，茶楼也是一个文化场所，饮茶也是一种文化行为。

⌒ 全球化理论

茶将世界联结在一起，成为一个"地球村"。中国云南普洱地区深山中，布朗族山寨茶山上一片茶叶的飘落，最后会在美国纽约华尔街股市上形成风暴，而国际经济是否景气也与中国的采茶女工、

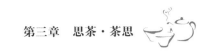

泡茶小妹的生活水平的高低有着直接关系。

　　社会学有许多分支学科，有许多主义、学派、理论和观点。茶歇（tea break）时间已到，本场讨论到此结束，下一场讨论还将继续进行，有兴趣者，欢迎围观。

　　需说明的是：以上的阐释只是基于我对某一社会学的主义、学派、理论和观点的理解。不当之处，还望各位专家指正，也期待大家一起参与讨论。

第四章

悟茶·茶悟

茶悟·悟茶

　　静心宁神是茶对人的身心功效之一。在静心宁神的过程中，人就会沉醉于清醒。人若沉醉于痛苦，就会被痛苦包围，生命成为一种痛苦；人若沉醉于烦恼，就会被烦恼环绕，生活成为一种烦恼。那么，人若沉醉于清醒中呢？以我的经历看，人若沉醉于清醒，就如在清新中散步、漫游，思绪得以在无限太虚中翱翔。而正是在这任思绪在无垠空间的飞扬中，人会思生命、思生活、思人生、思社会、思自然……，即思考自己所能想到的一切，进而在思考中悟生命、悟生活、悟人生、悟社会、悟自然……，即思悟自己所思考的一切，从而获得相关的感悟和领悟，有的甚至是顿悟——自己对自己所思考的相关事物的认知和了解、知晓和理解、穿透和贯通、通达和融汇，而这一认知和了解、知晓和理解、穿透和贯通、通达和融汇，有时甚至是刹那间得到的，也就是所谓的"顿悟"。这一由茶带给人们的"悟"，就是茶悟。

茶悟有时是因茶而直接获得。如珍稀茶品江山美人（原名东方美人）。江山美人属乌龙茶，产于福建，后在台湾也有种植和生产。江山美人茶的特点是色如香槟，香如奇兰，茶味清甜。据说，中国的晚清时，英国有一位王妃面色姣好、身材苗条，体有兰香，人们发现，皆因这位王妃常饮一款来自中国的特殊乌龙茶所致。于是，常饮这款乌龙茶也就成为英国上流社会的时尚，这款乌龙茶也被英国人命名为"东方美人"。后因"东方美人"茶的商标被抢注，所以在中国大陆这款茶被命名为"江山美人"。江山美人的色香味之所以有这些特征和功效，是其在生长过程中被一种叫做青蠓的小虫噬咬的结果。正因为青蠓在噬咬茶叶过程中分泌的唾液酶化作用，形成了别具一格的色香味，该款乌龙茶才奇峰突起，具有了自成一体的茶韵和茶意，建构了其珍稀茶的地位。"江山美人"茶的茶叶总是布满点点虫洞，残缺不全，由此，不由得令人想到"艰难时世，玉汝于成""梅花香自苦寒来"这些醒世恒言，感悟到艰难困苦对于人的成长的双重效用：在打击人，让人痛苦挣扎的同时，也在磨炼着人。让人在成长的同时，唤起一种新的，包括体力、智力和能力等内在的生命力。

　　有时茶悟是因与茶相关的人或事物而间接获得。比如，古人云饮茶的五大佳时佳境为：蕉窗月影、寒夜客来、松石听泉、小院闲坐、山寺焚香。遵古人所云，我曾一度十分讲究饮茶时的环境，认为唯古人所云之佳境佳时，才能饮得好茶、品出好茶。后在四川做社会调查，在一嘈杂的人来人往的茶馆中，磕着葵花籽，喝着十几元一杯的茶，听人摆"龙门阵"（四川人把众人在一起聊天称为"摆龙门阵"），与他人一起摆"龙门阵"，听到兴处，谈到兴处，觉得这茶颇好，这地方颇好。边喝茶边与人谈天说地，也颇有一种喝民俗茶、乐民俗生活的享受。联想到古人所云之饮茶的五大佳境佳时，感悟到那只是文人茶的佳境佳时，对民俗茶而言，嘈杂喧闹的茶馆才是最佳之处。而只要心情好，杯中皆好茶。过去对所谓佳境佳时的过分追求，无疑陷入了刻意的讲究，失去了喝茶应有的随意之本义，成为舍本逐末之举，而正是这舍本逐末的许多刻意之举，使我们失去了生活中的许多快乐。从此，我喝茶（包括品茶和饮茶）更多地成为一种随意的快乐，而非刻意的追求或讲究。

　　从另一方面看，喝茶喝的是茶，喝茶过程中和喝茶之时的"悟"，必然有着对茶本身的"悟"——感悟、领悟，甚至是刹那间的顿悟。如，茶叶的品种繁多，各自有着各自的色、香、味，并由此形成了自己有别于他者的茶韵。而当加工的方法有所不同时，如渥堆或不渥堆，轻焙火或重焙火，拼配或纯种，纯手工制作或半手工制作或机器制作；产地、种植环境不同；气候条件不同，如此等等时，即使相同的茶类、相同的茶种，乃至相同的产区、相同的师傅制作，也会产生茶品的差异性，并形成茶韵、茶意与茶境的不尽相同。以西湖龙井为例。在梅家坞至灵隐的公路及隧道开通后，靠近公路和隧道的梅家坞茶地所产茶叶，比原有的"西湖龙井"茶味淡了许多。相比之下，不通公路之地，如杨梅岭的茶叶则仍保持着西湖龙井的雅香、清新和回甘。再以闽南乌龙茶的茶香为例，虽同属闽南乌龙、安溪铁观音为兰香，永春佛手为带有丝丝橙香的佛手香，漳平水仙是水仙花香，而产于漳州的白芽奇兰是兰香加沉香的奇妙之香。由此，品安溪铁观音，如入馨兰之室；品永春佛手，如在果林小憩；品漳平水仙，如在文人书房相聚言笑；品白芽奇兰，如在山寺月下静心礼佛。

"悟"的基础，或者说前提条件，是多喝与多思，且多喝与多思须同步进行。多喝少思是有口而无心；多思少喝是有心而无口，只有口与心俱备，才能悟得茶之真谛。

尤其在今天，物欲横流，人心浮躁，有心以次充好，以假冒真者有之，无心张冠李戴者有之，不多喝多思，没有在比较中知晓、了解某个茶品的特征，难免就会上当受骗，误入喝茶之歧途。如认为某茶品真难喝，从此弃之；或认为某茶品就是这滋味，实则大谬。前几日在一茶室品大红袍，一茶友拿出一泡北京某茶叶公司产的一款大红袍茶，名"北斗一号"，包装袋上还标着红灿灿的五颗星。茶友郑重地说，别人告诉他，既是"北斗"（高科技产品），又"一号"，又标有五星，这茶是大红袍中的极品，席间略有大红袍知识者均大笑，告诉他，"北斗一号"是大红袍中的一个品种的名称，即是品种名，与北斗卫星之类的高科技无关，也非排序的序列名，并无"第一"的意涵；而那五颗星，则是厂商自行印之，并无何种部门或机构评比颁发。开包冲饮，香气艳而飘，汤味薄而淡，有回甘，实为铁观音类，而非大红袍类乌龙茶。更有在座的评茶师一语道破：这是闽南黄观音（属铁观音茶）而非闽北黄观音（属大红袍）。在座茶友为之感叹，多喝多思才能知茶，否则，难免被误导。

　　无论是茶悟还是悟茶，都是包括品饮在内的喝茶的产物。也正是有了这茶悟和悟茶。人们才更爱喝茶。这正是：有喝才有悟，有悟更爱喝，在这喝与悟中，茶不仅成为我们物质生活和精神生活的一大组成部分和重要内容，也是我们生活和生命的陪伴者，作为一种物质主体和精神主体，具有了独立意志，建构着和建构了我们的物质生活和精神生活，成为我们生活和生命的建设者。

　　从这一角度上说，茶改变着和改变了我们的生命和生活，直至我们的一切。

茶生活

吃茶去

　　"吃茶去"是一则有关禅与茶的著名典故，说的是唐代赵州观音寺有一位从谂禅师，他禅学修炼颇深。一日，有外地两位僧人前来请教，禅师问其中的一位是否来过这里，答曰：没有，禅师说：你吃茶去吧；又问另一位是否来过这里，答曰：来过，禅师说，你吃茶去吧。监院不解，问禅师：为何没来过者吃茶去，来过者也吃

茶去？禅师答曰：你也吃茶去。唐时，制茶为将采摘的茶叶蒸熟后压制成茶饼，用茶时，用茶刀切下所需用量，用茶碾碾成茶末后，放入沸水中煮成茶汤，加盐、姜、葱、枣、薄荷等，连汤带茶末带调料一起连吃带喝下，故曰：吃茶。

对从谂禅师（又称赵州和尚）的这句被认为充满禅机的"吃茶去"，后世有诸多解释，我自己也曾有两种解释：一是认为，从谂禅师是要这三人厘清"为什么"——为什么来？为什么再来？为什么要提出这一问题，从而明晰自己的初心；二是认为，从谂禅师是要让这三人静下心来，排除杂念和执念，一心学佛。而在近几年，在"须有闲情，方得喝岩茶"的品味岩茶的经历和体会中，我逐渐认为，若是打机锋的话，那么从谂禅师这个"吃茶去"的禅意所在，当是：放下。唯有放下，才能以一颗纯净、空灵的心，进入佛的世界。

从谂禅师所传佛法为禅宗佛法。禅宗以禅定修习佛法，以我浅见，"禅"为思与悟，"定"为心无杂念地专注，"禅定"就是思与悟达到心无杂念地专注及心无杂念专注地思与悟。而要使思与悟达到心无杂念地专注，做到心无杂念专注地思与悟，放下杂念，心地清净是必要的，也是必须的。"放下"有开始，有过程，有结果；"吃茶（喝茶）"有开始，有过程，有结果。当"放下"与"吃茶（喝茶）"相遇时，在"放下"与"吃茶（喝茶）"的交会处，"吃茶（喝茶）"成为诸多"放下"的路径和方法中的一种。从谂禅师以一句"吃茶去"导引习佛者以茶清心、以茶静心，指点信众学会放下，学会舍弃，学会专心致志。由此，茶禅一味，禅茶一道，"吃

茶生活

茶去"成为学习佛法、修炼佛性的一大法门。

事实上，无论大事小事，只有放下，才能专注，才会专注；只有专注，才能放下，才会放下。就如同人与人之间的爱情，无情即有情，有情即无情——情有独钟者对他人的示爱往往视而不见，感而不受；处处留情者难以只钟情于一人。在事务上，放下即专注，专注即放下——只有放下其他的事，才能专注于某一事；只有专注于某一事时，才会放下其他的事。

近几年来，武夷山流传着一个故事，说的是一位原市农业局局长自退休后，十几年来，一直致力于武夷岩茶小品种的发现、保护和培育。他翻山越溪钻茶蓬，或依古书描述，按图索骥地寻找，或听到相关信息便去确认。确认后，他就将母树保护好，待秋天收获茶籽后进行栽培。他不用无性繁殖的扦插法，而是用有性繁殖的种子培育的方法，因为他认为，有性繁殖才能更好地保留母树原有的父本与母本拥有的特性，所产茶叶的品种特征才更明显。栽培成功后，凡茶农需要，他都会无偿赠送。经过十几年的努力，目前，他已栽培了105种武夷岩茶小品种茶树，其中不乏仅剩一株母树的濒危品种，从而或多或少地减缓了由于自然，尤其是商业原因造成的传统武夷岩茶小品种日益减少的速度，为武夷岩茶的品种多样性及武夷山作为世界自然遗产保护地应有的生物多样性做出了自己的贡献。

不久前，我见到了这位原武夷山市农业局局长罗盛才先生。龟岩下他的茶地里，一眼望去，见到的是一位中等身材、肤色黝黑、手掌粗糙、满脸皱纹、头发花白、穿着一身洗白了的蓝色劳动服的老茶农，与我在武夷山见到的那些普通的老茶农并无多大的区别。而当他如数家珍地介绍那一垄垄小品种武夷岩茶茶树，讲解茶籽培育的重要性，分析不同小品种武夷岩茶之间的差异，强调生物多样性的重要性和必要性时，他眼中那智慧的闪光，那种科学工作者的严谨性，那种科班出身并一直从事相关科研的专业性，那种对国家政策的熟识——毕业于农大茶学系，曾在茶科所从事茶叶研究，后又在政府部门从事相关管理工作的背景，及拥有的专业知识和管理经验就显露无遗。这时，我才认知眼前这位"老茶农"与我曾见到的其他老茶农有本质的不同。

他退休后不享清福，致力于武夷岩茶小品种的发现、保护与培育，只是他认为这很重要。他租茶农的山场，在武夷岩茶价格飙升的今天，只从事非盈利的科研与保护，只是他认为这很重要。他在市内有舒适的住房，却整年住在龟岩山下自己搭建的简易小平房中，以方便培育和管理茶树，只是他认为这很重要。他退休后的生活原本舒适惬意，但他现在整天不是在茶地忙碌，就是在山间钻茶蓬，只是他认为这很重要。他是退休的老局长，但他现在已是老茶农——担负着保护生物多样性重任，有着科研专业知识和精神的老茶农，只是他认为这很重要。

他放下了包括身份在内的其他事，专注于武夷岩茶小品种母树的寻找、保护、培育和繁殖，他说，他很快乐。从他像菊花一样盛开的笑容上，从他讲到武夷岩茶品种培育繁殖时爽朗开怀的大笑中，

茶生活

我相信，他确实很快乐。

　　放下才能专注，专注才会放下。而在放下和专注中，在放下和专注后，我们会收获快乐，拥有快乐，享受快乐。我在欣然领悟中，不由得口占一首：

世间多少事，

一声"吃茶去"。

若问何事乐，

还是去吃茶。

金佛

　　"金佛"是一款原本三百多年来，只流传于民间传说、存在于史书之中，而在近三、四十年间重又出现的武夷岩茶。有武夷山人告诉我，这款茶之所以称"金佛"，是传说九曲溪上常有村妇跪着洗衣，而溪对面即为茶山，久而久之也成了对茶树的跪拜。日积月累，受人之心灵所感，茶树中长出一株有别于其他茶树的奇异种。因由村妇跪拜所得，且茶汤金黄，故被命名为"金佛"。可见，这是一款颇具宗教神秘感的茶。事实上，它过去也更多地流传在武夷山寺庙僧人的口口相传中。

　　也许是这茶具有的神秘感的基因吧，这也是一款让我至今仍有诸多疑问的武夷岩茶，其中最大的两个问题是：

　　（1）它的母树到底在哪个山场？因为不同的山场决定了岩茶不同的茶性和茶韵。或者说，不同山场的岩茶具有不同的茶性和茶韵。其个性明显，特征突出，难以混淆。对品茶者来说，不能混为一谈。

（2）它是一个品种，还是一种制品？即"金佛"是一个品种名，还是一个茶品名？如是品种名，它应当也必然具有与其他品种不同的自己单独的、特有的品质和特色，它的制品是纯种金佛。如是茶品名，它可以由制茶人根据各人或客户的需求随机拼配，甚至其中没有那种名叫"金佛"的岩茶品种茶，而茶品名仍叫"金佛"。

关于"金佛"母树的山场，目前据我所知，有两个版本。一为"刘峰版"，说是永乐天阁茶业的刘峰掌门人经寺庙长老指点，一次次登险峰攀危岩，于1980年，终于在九曲溪头灵峰山上寻得一株金佛母树，经精心培育、反复筛选、科技攻关，最后成功种植和制成纯种"金佛"岩茶，使这一已失传三百多年的名茶重现人间，再显神奇。刘峰先生掌门的企业生产的金佛岩茶的商标名为：永乐天阁金佛。另一为游玉琼版。说是戏球茶业的游玉琼掌门人在1990年品尝自家山场生产的岩茶时，尝到一种奇特的茶类型，经两年多时间的寻找和品评，最后终于在自家那片最美的双狮戏球茶地里找到了那几株并不显眼且尚未被人发现的珍稀品种——金佛，经精心栽培、制作，终成"金佛"名茶。游玉琼女士掌门的企业生产的金佛岩茶商标名为：戏球金佛。刘峰先生和游玉琼女士都是国家级首批非物质文化遗产项目之武夷岩茶（大红袍）制作技艺市级传承人（第一批），所掌门的公司也是知名企业，两家均言之凿凿，也许金佛岩茶的母树不止居于一个山场？只能心存疑惑了。

我喝过永乐天阁金佛，也喝过戏球金佛。永乐天阁金佛的茶香是幽幽的兰香中融着些许槐花的锐香，汤色棕红，茶汤醇厚。戏球金佛的茶香如盛开的金银花香，香气悠长，汤色棕黄，茶汤绵厚。两者的茶气都很足，具有岩韵的骨感。如拟人化相比较，永光天阁金佛和戏球金佛都是武林高手，前者如武当长老，舞一柄太极剑，圆柔中不时有威猛剑气射出；后者如武当老道，拂一记混元掌，令人惊回首，才知已然中招。真个是各有千秋！

　　之所以会提出"金佛"是品种名还是制品名的问题，实在是因为现在以"金佛"命名的拼配岩茶太多了。多次询问这些拼配"金佛"的生产经销者，即使是武夷山本地人，他们的回答也都是："金佛"就是茶制品，再追问，便以"产品秘密"一词而避之了，让人始终处在云里雾里。当然，拼配"金佛"岩茶中也有好茶，其中，我印象最深刻的是玉女袍茶业的产品。玉女袍金佛茶品桂皮香的香气较明显，其中还夹着秋兰的郁香，香型艳丽；汤色为黄色中带有棕色的棕黄色，汤味润泽有回甘，茶气较足。若也以武林人物相比拟，这款茶犹如峨眉派新秀小师妹，豆蔻年华，清新可人，长剑出鞘，龙吟声声。

　　本着作为学者应有的"求真"精神，我一直在追寻有关金佛岩茶身世的答案，得不到答案，便难免觉得少了许多喝茶的乐趣。如今反思一下，或许我应该有更高一层的境界，将这"求真"作为喝金佛岩茶带来的一种乐趣：惟有喝此茶，才能得此乐。从而不至于陷入执着的疑惑中而少了喝金佛岩茶的快乐。

茶生活

牛首

　　陈孝文先生是国家级非遗项目之武岩茶制作工艺市级传承人（第一批）之一，他所制作出品的茶品以"孝文家茶"为商标，"牛首"就是"孝文家茶"中的高端茶品。

　　牛首的茶青来自武夷山的牛栏坑。牛栏坑属武夷岩茶的核心产地三坑两涧（牛栏坑、慧苑坑、倒水坑、流香涧、悟源涧）之一。在武夷山茶农对岩茶的传统认知中，肉桂以产自牛栏坑的为最佳，水仙以产自慧苑坑的为最佳，"牛首"为纯品肉桂茶品，茶青的山场便是最佳的肉桂山场。而经非遗传承人的制作，作为一款非遗传承人的茶品，牛首的肉桂特征十分明显，茶气充足，香与汤融合成一体，达到了"香、清、甘、活"四者皆备的高度，也是武夷岩茶中难得的上好佳品。

　　武夷山茶农说，同为牛栏坑的肉桂，种在坑口（牛头）、坑中（牛腹）、坑上（牛背）、坑尾（牛尾）处的茶味不同。过去，我对此体会不深，认为这一说法太过悬乎，也许是出于宣传推销之需，而在品饮了"牛首"，与同为传承人茶的大坑口茶业的"牛栏坑肉桂"（特 A 级）进行比较后，才知茶农此言非虚。我再一次感悟到茶的博大精深，再一次告诫自己对茶不得妄言妄评。

"牛首"茶品的最大特征可谓是：绵柔而雄浑。它的汤色是柔和的棕黄色，如慈母望着爱子，绵绵柔柔；它的汤香是一团软软的兰花香，尾香带着些许桂花的甜香，一团柔软迎面而来，将人迅速环绕，无任何尖锐陡峭之感；它的汤味温柔地布满口中，轻柔地滑落腹中；它的茶气不是凝集于喉间，而是以一种雄浑之力，迅速地游走全身，让人周身温暖，沉醉于温柔的茶意中。

"牛首"实际上是霸气十足的，只不过它是蕴威猛于绵柔之中，化刚烈为雄浑罢了。绵柔与雄浑由此完美地集合在"牛首"茶汤中，让人不能不惊叹武夷岩茶之神奇！

品"牛首"，会令人想到同产于福建的一款酒品——闽西革命老区龙岩出产的青红酒，它现被革命加美国化地称为"红军可乐"。"红军可乐"以糯米酿造，属黄酒类，糯柔、醇厚、柔甜，后劲强烈而绵长。常有不知者大叫"这红糖水真好喝"，猛灌三杯后，酩酊大醉。常有有一斤白酒酒量的北方汉子在与闽西人的斗酒中，喝下半斤青红酒就醉倒在餐桌上。在北方、闽西人遇到爱喝酒的朋友说起自己如何豪饮时，往往会闪着狡黠的眸光，热情地欢迎他们到闽西去畅饮"红军可乐"。我常想，如果酒有酒语的话，这"红军可乐"的酒语就叫：温柔五步倒。

茶生活

　　品饮"牛首"，也会令我这个喜爱武侠小说者想起武侠小说中描述的少林绵柔掌。少林绵柔掌不走罗汉拳、铁砂掌之类的刚猛路线，而是以浑厚的内力出招接招，外看绵软，甚至练此掌功者的手掌也是柔软如棉花，但这绵柔里是威猛的内劲直逼对手，使之无处遁形。据说，被绵柔掌所杀者，身体外观完好无损，而体内则往往百骨寸断，五脏六腑全损。这绵柔掌的力量可见一斑！由此，它也被认为是比罗汉拳、铁砂掌之类的外家功夫更技高一筹的内家功力。

　　于是，"温柔的力量"这五个字便在我的脑海中浮现。人们常将温柔与温顺、柔顺联系在一起，常常以为"柔弱无力"，其实，温柔并不一定就意味着顺从，柔软也并不一定就是弱小和无力。如果蕴威猛于绵柔，化刚猛于雄浑，那么，温柔就是一种力量，乃至是一种强大的力量，在对手的沉醉中，不知不觉地将对方制服和掌控，甚至可以将对方摧毁。"水滴石穿"便是一例。

　　"牛首"以其特有的温柔而雄浑的茶韵，让我们享受着生活的美好，同时又让我们感悟到温柔的力量，以及这一力量的强大。在喝茶中感悟，在感悟中喝茶，这也是茶生活之一大内容和功能吧！

老寿星

老寿星是国家级非遗项目之武夷岩茶制作工艺市级传承人（第一批）黄圣亮之父，耄耋老人黄贤义先生的私房茶，茶青产于武夷岩茶核心产区"三坑两涧"中的牛栏坑，用木炭以中火慢焙（武夷山人称为"炖"），老人亲手所制，因为是私房茶，工艺秘而不宣。此茶乃茶缘巧合，偶尔得之，不知产于何年，封签上开箱的日期为2016年4月30日，我们于2016年7月31日，杭州炎炎夏日摄氏39度高温的下午开喝。

　　老寿星的条索紧致、细长，为淡墨绿色，干香是淡雅的花香。沸水入杯，沉沉的素心兰香味扑面而来，进而迅速溢满整个房间。观汤水，是稳重的深棕黄色，如一块温润的田黄石镶嵌在羊脂玉色的白瓷茶盏之中。慢慢端起茶盏，素心兰香满鼻，小啜一口，口中的茶香却化作了微带栀子花香的素心兰香。茶汤很柔很软很滑，如骨鲠在喉的岩韵化作无限柔丝游润口中，整个人便被一种难以言说的、沉稳的柔香细细密密地包裹住了，如陷温柔乡中。头三道茶汤略带涩味，一盏入喉，在等待下一盏的间隙中，那涩味便化作丝丝缕缕的甘甜，弥漫于口中。三道水之后，涩味不复存在，茶汤中多了几许甘甜。

　　老寿星岩茶汤的色、香、味十分稳定，直到第十二道水后，汤色才转为淡棕黄色，汤香中出现了棕叶香，而汤水中也有了少许薄荷的清凉味。第十五道水后，棕叶香更浓，薄荷味更盛，茶汤如甘蔗水般清甜，叶片也转为深绿色，如刚采摘下来的青叶。于是，一道疑惑油然而生，这"老寿星"是岩茶的小品种茶吗？为什么后道的茶味似百年老枞水仙？

　　由此，带着做学问式的好奇和固执，以各种关键词或组合词上线漫查网络，未果。不肯罢休且好奇心更盛，托人直接询问黄贤义老人的长子、武夷山瑞泉茶业的负责人黄圣辉先生，答案是："老寿星"岩茶是以武夷山200年以上的水仙岩茶茶树变异种制作而成。武夷山水仙岩茶一般都是丛生的，而这些200年以上的水仙已变异为单株的大树，"老寿星"岩茶纯粹用这些变异的老水仙树的青叶，

由黄贤义老人亲手手工制作而成，亲自命名。至于具体工艺，则为老人的秘密。而正由于变异的茶树很少，所产茶青更少，老人手工的制作艰辛，该款茶甚为珍稀。

"老寿星"岩茶是非卖品，主要是自己品尝。作为黄贤义老人自己的私房茶，外人要想喝到"老寿星"岩茶，除了时机和茶缘巧合，还要看老人家是否认可喝茶之人的知茶、识茶、爱茶、悟茶，是否认可喝茶之人的为人行事。否则，即使儿子亲求，身为"山野之民"，长相和脾性也不失为"山野之民"的黄贤义老人也不会入茶窖取出一泡茶的。

无论是茶汤、茶色，还是茶香、茶味，亦或茶韵、茶意，"老寿星"岩茶给我的总体感觉是内敛沉稳的从容、阅遍人世的宁静和化刚烈为柔美的安详。

孔子云："三十而立，四十不惑，五十知天命，六十耳顺，七十从心所欲，不逾矩。"每一年龄段有着每一年龄段的权利和责任，每一年龄段有着每一年龄段的生活和生活方式，"老寿星"岩茶如同一位智者，昭示着老年人的生活应有的从容、宁静和安详，如同累累秋实坦然笑对来年的春花。

茶生活

走马楼·老枞

　　2016 年 7 月 15 日下午，开喝武夷山北岩茶业的走马楼老枞。北岩茶业的掌门人为国家非物质文化遗产项目之武夷岩茶制作工艺第一批（共十人）市级传承人之一吴宗燕先生，所以，这款"走马楼老枞"也可谓是非遗传承人茶。

　　"走马楼老枞"属北岩茶业生产的"北岩茗香"系列，而我们当日喝的"走马楼老枞"，又为吴宗燕先生手书签名款，更为珍稀。茶罐上标明的生产日期为 2015 年 2 月 23 日。按武夷岩茶采摘制作的一般规律，当年 5 月至 6 月初为采摘、制作期，制作完成后封存（俗话称为"退火"），10 月至 11 月左右可以开喝。为更好地突显茶的特质，也有不少制茶人在半年或一年后才开封的。由此私下推论，这一"生产日期"也许是装罐日期，而制茶日期当是在 2014 年。

　　因我仅得这一罐（50 克），故一次只取武夷岩茶冲泡最少所需的 6 克，以 6 克杯（盖杯）冲泡，两人品之。

这走马楼老枞的干香是略带甜味的干野花杂花的花香，条索紧致，褐色中隐现墨绿。茶的汤色则是较深的棕黄色，如深秋初冬暮色渐合中的夕阳残照，温暖而带着阅尽人世的沧桑，且由始至终汤色如初。汤味无武夷岩茶常有的涩味，故亦无由涩转化的回甘；汤感绵醇、滑润而饱满，微啜一口，茶味立即充盈整个口腔，如凝脂般温润柔滑，直到最后，变化不大。

沸水入杯，走马楼老枞并无武夷岩茶常有的那种茶香升腾；茶汤入口，口感惊艳，但无回甘；茶汤回旋口中，微有一种山中砾石的冷冽之气。在我喝过的武夷岩茶老枞中，老枞水仙大多有青苔香、鲜甘味，老枞肉桂有秋兰香，果甘味。这款走马楼老枞未标明茶树品种，我们对茶树的知识甚少，查看叶片，只觉得这走马楼老枞非老枞水仙，亦非老枞肉桂，不知为何茶树品种，但有着别于常见老枞的奇特茶韵。带着疑问，我们不得不继续探寻。

茶过三巡之后，不知不觉中汤味的砾石气味中出现了甜瓜的香味，口感也开始转甜。渐渐地，杯盖香和挂杯香也转变成甜瓜香，接着甜蜜的瓜香味成为茶香中的主香，冷冽的砾石味转而化为清凉的薄荷味和薄荷香。与之相伴随，茶汤中出现了甜味，在口腔中不断扩散，最后成为入口即甜。因这款茶无涩味，所以这甜不是由涩转化的甘——回甘，而甜——并非转化而来，而是原质的甜。在我们喝过的武夷岩茶中，茶香的主香为甜瓜香的，这是首次；茶汤为原质甜而非回甘的，也为少见，加上茶感如凝脂般绵醇、滑润和饱满，走马楼老枞给了我们一种新、奇、特的体验和感受。

茶生活

走马楼老枞的茶气也是令人在不知不觉中逐渐感知的。其茶气走的是人体背后脊椎的线路，不经意间，入腹热茶的茶气转到了背后，一股暖意沿脊椎缓慢而上，直达头顶，整个后背便有一种暖融融的感觉。随着一盏接一盏热茶入腹，茶气经脊椎扩散到全身，在暖暖的甜瓜香中，慢慢地有了一种自己已不属于自己的轻松升腾之感。

走马楼老枞在不经意中慢慢呈现的香味和甜味导引我们静下心来进行探寻，而渐行渐显，渐行渐完整的独特的茶韵导引我们更静心凝神，期待、品味和感受每一口茶，开始了人与茶之间的对话和交流。

这一"静"不是南北朝时期南朝梁国诗人王籍在《入若耶溪》中所绘："艅艎何泛泛，空水共悠悠。明霞生远轴，阳景逐回流。蝉噪林逾静，鸟鸣山更幽。此地动归念，长年悲远游。"之境静；不是唐代诗人王维《山居秋暝》所云："空山新雨后，天气晚来秋。明月松间照，清泉石上流。竹喧归浣女，莲动下渔舟。随意春芳歇，王孙自可留"的闹中见静、物喧我静，而是魏晋时期东晋诗人陶渊明《饮酒》（五）中所现："结庐在人境，而无车马喧。问君何能尔？心远地自偏。采菊东篱下，悠然见南山。山气日夕佳，飞鸟相与还。此中有真意，欲辩已无言"的心静，以及由心静带来的意静；是唐代诗人贾岛《寻隐者不遇》："松下问童子，言师采药去。只在此山中，云深不知处"所传达的静中见静，物我皆静。在这一片静意中，饮者进入了茶的世界，茶进入了饮者的世界，而在相互交融中，

茶得以内化为饮者的生活理念和生活方式。

　　由此，喝茶具有了禅思的内涵和意义，而日积月累，喝茶也就成为一种坐禅——一种修行的方式。所以，可以说走马楼老枞是一款具有禅意、发人禅思的武夷岩茶。

50 年陈茶大红袍

友人送来一泡 50 年陈茶大红袍，用小封扣袋装着，没有任何标志，据说来自武夷农家自藏。因只有一小包八克，很珍贵，我藏之又藏，舍不得喝，但又极想喝，于是，在藏了三个月后，在一个炎夏之日的下午，与丈夫一起开喝。

这款茶的茶汤是琥珀色的，有着明艳的金黄光芒，在午后穿过竹林的夕阳光照下一闪一闪，如同美人回眸一笑，眼波横流。

一般武夷山正岩岩茶陈茶的茶香会有草香、花香、果香、木香的逐渐展开和过渡，而这款陈茶直接就是木香，沉沉的原始密林的树木气味，喝在口中，有一种行走在远古森林中的感觉。

毕竟是据说已存放了 50 年之久的陈茶，茶汤十分醇厚，茶胶也十分厚重。茶汤入口，如同一块织锦缎入口，是丝绸般的滑爽加上丝丝金银线的凹凸，这种丝丝凹凸感，也就是武夷岩茶特有的一种"骨鲠"感吧。唇上沾着茶汤，三秒钟不说话，嘴唇便胶粘在了一起，分开微有疼痛，看来，这款茶也是一款逼着饮者诉说、交流的茶呢。再看着如美人美目般的汤色，不禁哑然失笑，美人常需别人夸赞，好茶看来也有这个要求，希望饮者不断地夸奖。哈哈，看来美人与美茶均属同类——需别人点赞夸奖之类！

茶刚过三巡，腹中便有了饥饿感，且汗如雨下。这款茶的茶气也十足，茶韵霸道，两盏茶入喉，一下子就打通了气道、血道和脉道，人为之一爽。所谓夏天喝岩茶，如同洗桑拿；所谓岩茶比浓酒更烈，此为一证！

泡了二十几道水，仍是木香飘飘，终于明白，所谓木香，就是茶树的木质香。在时间的沉淀中，在大自然的作用下，岩茶干茶原有的茶树叶子香慢慢醇化和酶化，转化成品种茶树的木质香韵。而这款茶的木香如此绵厚悠长，看来，这一款陈茶的茶青是来自老树，这款茶品为老茶的陈茶。老茶的陈茶颇为少见，难怪茶气如此充足！此刻，仿佛一株株古老的茶树便在眼前出现了。徜徉在这一片古老的茶树中，感念着历史的累积，感念着大自然的馈赠……

在二十几道水之后，茶香的木质香依旧，且茶叶的植物鲜味显现了。木质香和茶鲜慢慢融合在一起，这款茶又给人一种全新的、别样的茶感，陈与新，传统与现代，过去与今天交汇、融合在一起，我不再是我，他不再是他，人不再是人，茶不再是茶，唯有穿越，唯有穿行……一直到第三十五道水，茶味才开始淡化，直到第三十八道水，水味成为主味。

就这样，一泡茶，两个人，喝了一下午，聊了一下午，直到暮色四合。所谓人生如茶，时光如水，岁月静好，平安是福，当是如此吧！

瑞泉·300年老枞水仙

300年老枞水仙是武夷山瑞泉茶业的珍品茶，一年只有十几斤产量，纯手工炭焙制作，不外售。只有被瑞泉茶业掌门人认为是懂岩茶、爱岩茶、惜岩茶之人，并有茶缘者，才能有幸喝到一泡。

该300年老枞水仙生长在瑞泉茶业自家的山场中，山场为瑞泉茶业所有。据瑞泉茶业掌门人黄圣辉先生介绍，他爷爷说，这茶树在他爷爷的爷爷时已有180多年的历史，直到今天，当有300来年，故称之为300年老枞水仙。

武夷山百年以上的岩茶老茶树不多，300年以上的水仙茶树更罕见。有武夷山制茶人提示我们，该老枞水仙若是成

片的，可以确定树龄不会超过百年。如果是单株生长，树龄300年左右的也有可能。为此，茶友特地在黄圣辉先生的陪同下前去探望。那天刚好下雨，沿着崎岖不平的小路，踏着高高低低的山石，穿过湿雾蒙蒙的树林，越过弯弯曲曲的小溪，在武夷岩茶核心产区"三坑两涧"的流香涧和悟源涧之间，在踩着鹅卵石过小溪时不幸被青苔滑倒又万幸地只是划破衣服湿了裤子后，茶友终于看到一株，仅仅一株，长满青苔、高大粗壮的老枞水仙茶树！这株老茶树下，先人们为保护树根，砌着石堪，从石堪的样式、砌法及石堪上风吹雨打的痕迹看，该石堪至少有100多年的历史，加上对树龄的估测，可以说，这株老枞水仙茶树有300年左右树龄的说法有较高的可信度。

　　我是在2014年12月第一次喝到2013年制的瑞泉300年老枞水仙的。醒茶时的"呛啷，呛啷"声带有金石之声，似乎盖杯之中已成金戈铁马的古战场；开盖，干香是深沉的木香加秋野日照下的花香。头一、二道水，杯盖香和茶汤香是淡淡的沉香，这是我在至今所喝过的武夷岩茶中品到的独一无二的茶香，而杯底香是糯米米汤的香味。从第三道水开始，杯盖香和茶汤香转为老枞水仙常有的青苔香，并逐渐显化，杯底香也随之转为兰花香，那种山中春兰的幽香，渐行渐显。于是，枞香满口，枞香满室。最后，青苔香化作棕叶香，与杯底的兰香一起，沁人心脾。我们是在下午喝的该款茶，到了第二天早上醒来，仍满口留有300年老枞水仙的余香。古有善歌者歌毕，余音绕梁，三日不衰，瑞泉300年老枞水仙茶香的绵长持续，可与之一比。

瑞泉 300 年老枞水仙的汤色是棕黄色，偏黄，一直到茶淡如水，汤色始终如一。那偏黄的棕黄汤色犹如博物馆中珍藏的古代善本或孤本书书页的颜色，让人有一种担心一碰就碎，不敢触碰因而小心翼翼的感觉，棕黄色的汤水干净、清澈，温暖而宁静地漾在白色的瓷盏中，有一种深深的历史感：大江东去，浪淘尽，千古风流人物。历史是沧桑的，但不只有悲凉；月有阴晴圆缺，人有悲欢离合，此事古难全。历史是变化万千的，但不只有动荡；闹哄哄，你方唱罢我登场。历史充满钩心斗角，但不只有害人之心。读史使人聪明。而只有聪明到"觉悟"，觉悟到心地清明，方是大聪明的境地吧！

该款茶的汤味厚实绵软，润泽悠长；内含物质丰富，入口有一种厚实圆润的饱满感。用舌头击打充满口中的茶汤，香味、叶片渗出物与水毫不分离，圆融在一起，合成一体。汤味略涩，但这一涩味入口后即化为回甘，加上水仙特有的鲜爽味，所以，茶汤的后味是鲜甘味，而这一鲜甘味又带有青草的微甜，有点像小时候吃过的玉米棒芯的那种淡而清新的甜。十八道水后，涩味退尽，与青苔香化作棕叶香相伴随，青草甜也转为甘蔗甜，直到二十五道水后淡化。舍不得这泡茶的离去，加水再煮，又得两道棕叶香甘蔗甜茶汤，如是者三，直到味尽才长叹一声罢手。

武夷岩茶的茶气就总体而言，有通气、通血、通经络之"三通"效果，但各款茶往往各有其效，或各有强弱。而瑞泉 300 年老枞水仙不仅这三大功效全部具备，且均十分显著。三道水后，我们开始打嗝，嗝声不断，这是气通了；五道水后，全身开始发热，尽管窗外寒风阵阵，头上，然后是身上却开始出汗；这是血通了；八道水后，有热感在身上顺着经络流动，这是经络通了。而与其他能通经络的武夷岩茶的茶气走向不同，瑞泉 300 年老枞水仙茶汤入喉后，一口热茶形成两股暖流，一股跟随下落的茶汤透入脊髓，然后沿督脉而下，到达腰俞后又分别沿两腿后的经络，经足三里，到达足底，于是，一股暖流复从双足底升起，在腰部汇集后上升，腰背部暖意融融；一股在咽喉处上升转颈椎，然后，沿督脉直上至百会，于是，头部与颈椎部暖意融融。当身体后背部暖意无限，身上的寒湿之气便慢慢散去，全身感到十分舒适和通泰。

　　品瑞泉 300 年老枞水仙，实乃是全方位超级享受与快乐，所谓老而弥坚，所谓日积月累的大自然的精华，由此可见。感谢大自然的馈赠和制茶人的辛劳！怀念这款瑞泉 300 年老枞水仙！

福州茉莉花茶

  茉莉花茶无疑是"化腐朽为神奇"的经典案例。而由于这茉莉花茶原本为福州商人利用福州的茉莉花，以自己研发的工艺所制，所以，茉莉花茶以福州茉莉花茶为正宗，福州茉莉花茶的茶感、茶意及茶韵也在所有的茉莉花茶中独具特色，独占鳌头。

  在"化腐朽为神奇"之后，福州茉莉花茶曾有过辉煌的"前天"。从清朝到民国，它是北方的豪门望族，尤其是京城的皇亲国戚、前清的遗老遗少们或用于自喝或接待贵客的好茶，被赐美名：香片；在计划经济时代，它在奔驰于大江南北的火车上列车员向乘客提供的免费茶中，在企业夏天免费向职工提供的"劳保茶"（劳动保护茶的简称，属于职工享有的企业福利之一）中一枝独秀，占据垄断地位。由此，以茉莉花茶为主打产品的福州春伦茶业就成为福建省的骨干企业之一，其产值在全国茶叶行业中名列前茅，是一个不折不扣的明星企业。

　　然而，也正是茉莉花茶是化陈茶为香茶，即使是经过最高档制作工艺的九窨九制，茉莉花香完全消退或遮蔽了陈茶味，就茶坯品质而言，当时的茉莉花茶毕竟仍是陈茶，缺乏绿茶

的新茶特有的茶鲜味和茶香味，于是，懂茶的南方人在嘲笑北方人不知品茶时，常以北方人爱喝茉莉花茶为例，说他们是："只知闻花香，不知茶滋味"。而无论是列车上的免费茶还是工厂里的劳保茶，也均属于用于解渴的低档茶，且为计划经济体制下的乘客福利或职工福利。福州茉莉花茶原先的出身和定位使其在20世纪90年代计划经济向市场经济全面转型时进入困境，而在之后，随着人们生活水平的提高，消费观念和消费行为的变化，更进一步陷入危机之中。在最困难的时候，福州的花农纷纷砍掉多年精心栽培的茉莉花树，改种其他经济作物；许多生产福州茉莉花茶的工厂或倒闭或转产，连作为茉莉花茶生产龙头企业的春伦茶业，其大部分车间也停工停产，掌门人感到前途渺茫，日夜寝食不安。这就是福州茉莉花茶艰难的"昨天"。

　　大约在2008年前后，在福州市委、市政府的大力扶持下，在有关部门的大力帮助和直接指导下，福州茉莉花茶生产企业根据市

场需求和消费潮流开始进行新的定位，在传统工艺的基础上研发新产品，提高产品的品质，福州茉莉花茶步入了重创辉煌的"今天"。在春伦茶业的工厂里，我亲眼见到、亲耳听到福州市委、市政府的领导和有关专家与春伦茶业的掌门人一起，一边喝着春伦茶业新研发的茉莉花茶，一边讨论如何提高茉莉花茶的品质，使茉莉花茶转型成为高档茶乃至珍品茶；如何以质取胜，打开销路；如何提高福州茉莉花茶的知名度和美誉度。经过多年努力，如今的福州茉莉花茶不仅已声名重起，重登大雅之堂，也名列高档茶之列。更重要的是，新款茶品特有的雅香、冰糖甜感和文人意境，也吸引了诸多南方爱茶人，成为不少南方茶客口中的好茶。

与别的产地的茉莉花茶相比，今天具有原产地标志的福州茉莉花茶是用新茶嫩叶制作，以福州本地产的茉莉花窨制，窨制工艺一般为五窨五制。其中，又以明前茶为茶坯、以福州本地茉莉花窨制者为上品。与昔日的相比，今日的福州茉莉花茶叶片为新茶的一叶一芯（旗枪）或两叶一芯（凤翅），叶片色因窨制而青绿带浅黄；茶水色如春波荡漾，带着春江水暖莺飞草长的诗意；茶香是宜人的茉莉花香，雅丽而不艳俗，呈现出一派文人的温文尔雅；茶味鲜甜，那种鲜是植物清淡的鲜，那种甜是冰糖纯而微凉的清甜，回味悠长。由此，今天的福州茉莉花茶可谓是一款文人茶或书房茶，从市井的嘈杂中重新回到精致文雅中，为笔墨纸砚这传统的文房四宝中又添一宝，形成今天的文房五宝——笔、墨、纸、砚、福州茉莉花茶。而喝了今日的福州茉莉花茶中的珍品，会进一步理解什么叫做"简

单的奢华"，什么叫做"低调的高贵"。

　　福州茉莉花茶在今天重现辉煌，与福州市委、市政府及有关部门的扶持、指导和帮助密不可分。通过市委、市政府及有关部门申报地理标志、产业联盟、品牌运作、产品优化等诸多方面与企业的共同努力，福州茉莉花茶才一步步摆脱危机、走出困境，在茶领域风光再现，而福州也被公认为世界茉莉花茶之乡，福州茉莉花茶成为茉莉花茶中的珍品及茶中之佳品。

　　政府的功能与作用是当今中国理论界讨论的一大热点议题。事实表明，在现代社会，企业的发展，行业的振兴，直到社会的良性运行，何尝不是"政府不是万能的，但没有政府却是万万不能的"？期待在政府的继续支持下，福州茉莉花茶从重现辉煌的今天，继续前行，开创更灿烂的明天。

酥油茶

酥油茶是由茶汤冲入从牛奶中提炼的酥油并搅拌成一体而成的一种茶饮品。它是藏族地区日常生活中不可或缺的饮品，其茶有增加身体热量、提高身体机能、消食醒脑的功效。2007 年我首次去西藏近 20 天，无明显的缺氧现象，反而回杭州后近一个星期处于醉氧状态。据说，这与在西藏时每天喝一碗酥油茶，使我迅速适应了高原缺氧环境不无关联。

最早听到"酥油茶"一词，是在小学四年级。记得那时听到了一首名叫《心中的歌儿献给金珠玛》的歌，歌中唱道："不敬青稞酒，不打酥油茶，也不献哈达，唱上一支心中的歌儿，献给亲人金珠玛（金珠玛：藏语意为拯救苦难的菩萨兵，此间指解放军）。"于是，青稞酒和酥油茶就带着一种神秘感存进了脑海中，直到 2007 年，《浙江学刊》副主编任宜敏先生带领我们去拉萨，参加色拉寺传统的千僧大法会，进行民俗考察，我才品尝到正宗的酥油茶，解开了儿时的谜团，而酥油茶的茶香和茶味从此也一直在我的记忆中飞扬。

记忆最深的是在大昭寺边一个类似汉族快餐店的简餐店里喝的酥油茶。那天，忘了是什么原因，只有我和《浙江学刊》的年轻编辑王莉一起参观了大昭寺。从大昭寺出来已是中午，我俩决定要吃最普通藏民的餐食。于是，当我们在大昭寺边上看到一家只有二十几平米大小的平房、从窗户中可望见穿着普通的藏民几乎满座，且门口不断进出穿着普通的藏民的简餐店时，就掀帘而进了。这简餐店确实很简陋，餐桌是木制的长条桌，凳子是木制的长条凳，进门几步就是一个小小的木制收银台，收银员身后的墙壁上挂着一块小黑板，上面用粉笔写着两个简餐餐名、甜咸两种酥油茶茶名和价格，简餐是 15 元一份，酥油茶是 7 元钱一瓶。我一见"酥油茶"三字眼睛就亮了，开口就先点了酥油茶，原来还想甜咸两种都要，后听说这"一瓶"是热水瓶的"一瓶"，要两瓶的话肯定喝不完，只得选了觉得可能会更好喝的甜酥油茶。而忘了另一款简餐是什么，我们接着点的是土豆牛肉饭。端着快餐盘，拎着热水瓶，我们找了一个靠窗口的座位坐下，四周都是藏民，迎接我们的是好奇和疑惑的目光。心中并无不适，想想如果两个藏族妇女身穿藏服，在普通汉族人就餐的小餐馆里，吃汉族人喜爱的食物，也难免会被周围汉族人们所好奇和疑惑吧！好奇和疑惑原本就是人类的共性。土豆牛肉饭很好吃，因为土豆和牛肉都比在城市的菜场中买的香很多，是小时候吃过的土豆和牛肉的味道，烧的也很入味，牛肉酥而土豆糯，三下五除二，我们很快乐地吃完了饭，开始喝酥油茶。当我拿起热

茶生活

水瓶时，忽然觉得一道担心的目光从左边邻桌射来。抬眼一看，原来是位藏族老人正担心地看着我们，而坐在他对面的两个七、八岁的小朋友，好像是他的孙子，也满眼担虑地望着我们。我心中一愣，不知这爷孙仨担心的是什么，想想应无什么大碍，便朝他们微微一笑，转头倒了两碗，与王莉两人一人一碗喝了起来。这甜酥油茶很可口，奶香纯正浓郁，茶叶清香，一碗入腹，我俩不约而同地笑了起来，连连点头说"好喝，好喝！"刚要倒第二碗，忽然发现邻桌的爷孙仨也开心地笑了起来，笑得那样纯真，那样灿烂。原来他们是担心我们不喜欢这酥油茶呢！望着他们，我们又笑了起来，与他们的笑容聚合到了一起。倒了第三碗后，我把热水瓶伸向了他们，请他们共饮。在略作推辞后，他们接受了，并在我们喝完第三碗后，将他们的热水瓶伸向了我们，我们也接受了。他们点的是咸酥油茶，咸酥油茶将牛奶的鲜味和茶的鲜味突显出来，形成一种独特的咸鲜味，也很可口。相比之下，如果说甜酥油茶类似下午茶，给人一种闲适感的话，那么，咸酥油茶就类似正餐，饮后有一种饱腹感。就在这你来我往的倒酥油茶中，我们吃空了午餐。在互道"扎西德勒"（藏语：吉祥如意）后，爷孙仨先我们而去，而后接连几天，我都融化在那纯真灿烂的笑容中。不知是因为第一次喝酥油茶，还是这第一次喝酥油茶的经历十分美好，亦或这简餐店的酥油茶有着独门妙法，总之，之后我在其他地方，其他餐馆，即使是标有星级的藏族特色大饭店中，再也没喝到过这么美味可口的酥油茶了。这简餐店的酥油茶，与那爷孙仨以及他们纯真灿烂的笑容一起，只能在我心中永作追忆了。

我是在"文革"期间上的初中，学工、学农、学军是我们学习的重要组成部分，而到西湖区所属的灵隐大队、龙井村等产茶地采茶，就是学农的主要内容。我们在春天采过不能超过半寸的明前茶。据说那是礼品茶，炒制后专送来自柬埔寨的西哈努克亲王的；我们也在秋天采过将当年的新叶与隔年的老叶一并采下的秋茶。据说，那是要做成茶砖，运到西藏给藏族同胞的。茶农告诉我们，砖茶是要煮的，所以，不能用嫩叶新芽，一定要老一点的茶叶才能煮出茶味。而砖茶煮成的茶汤冲入从牛奶中提炼的酥油，搅拌均匀后，就是酥油茶。于是，神秘的酥油茶在我的手中就有了真实感，我采下的茶叶就在我的想象中飘落到我想象中的藏族阿妈的煮茶壶里，煮成茶汤与我想象中的洁白的酥油（后来，我才知道酥油实际上是淡黄色的）搅拌在一起，成为一碗香喷喷的酥油茶。在三十余年后的2007年，当我在拉萨大昭寺旁的一个简餐厅里喝上了人生第一碗真正的酥油茶时，我想起了少年时的这段经历，忽然间就有了一种命定的茶缘与茶缘的命定的感悟——我的生命注定要与酥油茶结下不解之缘，而这与酥油茶的不解之缘也必定在我的生活中产生深刻的影响，使我迈上新的人生之旅。事实也确实如此。正是在参加了千僧大法会，对藏民进行了民俗考察后，我建树了"各尽其美，方成大美"的理念，心中少了许多纠结，脑中少了许多困惑，生活中增添了更多的快乐。

细想起来，就酥油茶本身而言，植物之物（茶）与动物之物（酥油）的结合，素食之物（茶）与荤食之物（酥油）的结合，东南方之物（杭州的茶）与西北方之物（西藏的酥油）的结合又何尝不是一种美缘的相遇和相溶？我喝过一款薰衣草乌龙茶。薰衣草茶是我喜爱的一款花茶，乌龙茶也是我所喜欢的，但这两种美茶合在一起，不仅茶香味十分怪异，茶汤也极不顺口，这款茶以特有的怪异和难喝留在我的记忆中。可见，两美有时并不能融合在一起成为一种新美，这就叫做美美难与共，美美难相容吧！而在诸多的两美难以共成一美时，茶与酥油这两美却跨越了植物与动物的界线，打破了素食与荤食的疆域，穿过了东南与西北，千里迢迢相遇并相溶成一体，美美与共，成为一种新美。在冥冥之中，想来真的有一种叫做"缘"的元素，而美美与共的"美缘"的拥有或获得当是历经艰辛，穿越人生旅途，"千年等一回"或万千次回首寻觅，蓦然方见的吧！

　　与茶之美缘来之不易，与大自然之美缘、与人之美缘亦是如此。一切美缘均来之不易，自当珍惜再珍惜。

武夷岩茶之泡茶技与道

　　此间的技，指的是技法——技巧与方法；此间的道，指的是义理——意义与道理。武夷岩茶的多样性和茶汤的多变性，决定了泡武夷岩茶技巧与方法的复杂性，而当这一"技"的复杂性与我们所理解的茶的意义与茶告诉我们的道理相结合时，岩茶的"道"也就具有了丰富性和深邃性。所以，喝武夷岩茶，必须关注泡武夷岩茶的技与道，并在与武夷岩茶的交流中，不断地认知、理解和领悟武夷岩茶之"技"与"道"的博大精深。而也正是出于这种需要，与绿茶、黄茶、白茶、红茶、黑茶等不同，武夷岩茶的泡茶者，即使是茶馆中的泡茶服务员，与饮者一起对岩茶的每一道茶汤进行品尝是必不可少的。唯有如此，泡茶者才能掌握合适的水量、时间和方法，从而泡出该泡茶最佳的茶汤。武夷山的岩茶制茶人有所谓"看天做青（茶青），看青做茶"的制茶之法，与之相对应，我将武夷岩茶的泡茶之法总结为："看茶注水，辨味出汤"，而内蕴于这"法"

及由这"法"引导而来的，就是"道"。我将其概括为："以茶知理，由茶明道"。

以程序按次序排列，我认为，武夷岩茶泡茶的技与道如下。

探茶

将适量干茶置入茶则中，以眼观之，以鼻嗅之，在与茶的初识中，以观与嗅了解干茶透露的信息，探寻这泡茶的个性与特征，与这泡茶初步建立交流关系。

醒茶

将茶则中的干茶倒入已预热的盖杯（或壶。用盖杯或茶壶均可泡岩茶。为简洁起见，正文均用盖杯论之，实则包括了茶壶。）中，盖上杯盖，并用于指按紧，双手握住盖杯上下左右摇晃，让茶叶与热杯壁充分接触，使茶叶内含的各种元素分子充分活动和活跃，得以在沸水中释放；并且，边摇晃边倾听茶叶与杯壁碰撞时发出的声音，以感觉茶之音乐。十几秒钟后，停止摇晃，揭开杯盖，再次闻茶香，不同的品种，不同的产地与山场，不同的气候，不同制作工艺等所生产的岩茶有不同的声音和香气，如肉桂之声是"咣啷咣啷"，香气是浓郁的桂皮香。其中，又以传统手工工艺制作的牛栏坑肉桂的声音最硬，香气最浓，有霸气感；水仙之声是"吭啷吭啷"，香气是悠长的兰花香。其中又以传统手工工艺制作的慧苑坑水仙的声音最柔，香气是软而雅。如同唱歌有独唱、重唱、单声部齐唱和多声部合唱一样，岩茶也会因杯中茶叶的或同一因素的单品种或不同因素（如产地）的单品种，或不同品种拼配而发出不同的声音，散发不同的香气，形成各自的茶之乐曲和香型。也如同独唱、重唱、齐唱、合唱各有其美一样。单品和拼配合适的岩茶也是各有其妙乐与妙香的。而也正是在醒茶过程中，饮者可以学习如何静心净思，如何倾听，如何辨味，以及如何在倾听和辨识中，了解他人和世间万物。

润茶

在过去，因茶农的家庭作坊式生产茶叶的生产环境良莠不一，有的茶叶在生产过程中的卫生条件较差，有的制茶人的卫生意识较弱，所以，泡岩茶有一道"洗茶"的程序——用沸水洗去茶叶的浮尘炭灰后，再注入沸水泡出茶汤饮之。但现在，企业化生产中生产环境和卫生条件都有了极大的改善，制茶人大多也有较强的卫生意识，加上原本"洗茶"也有浸润干茶，以利出汤的功能，所以，我将"洗茶"改为"润茶"。具体而言，醒茶后，将沸水沿盖杯壁团圈慢慢注入盖杯中至九分满，用杯盖撇去浮起的碎末，三秒钟干茶有所润泽后倒出茶汤。在注水过程中，随着叶片润水后的不同时间、不同程度的展开，当还略有硬度的叶片碰到杯壁时，静下心来，会听到轻微的或"铮"或"叮"或"铛"的不同声响，将这此起彼伏声音联起来，就是一曲与干茶茶乐不同的另一茶乐，让饮茶者进入又一重茶的世界。润茶后得到的茶汤称为"头道茶"。我将头道茶马上品饮之，称为"相见欢"——与茶相见欢，与茶友相见欢，

茶生活

与泡茶人相见欢，与喝茶之地相见欢，一种中国传统文化精神：和精神在此得以体现。将头道茶汤存之，待证茶后品饮，称之"再回首"——回过头来再与记忆中喝过的各道茶汤进行比较式的鉴赏，与茶底进行对应式的论证，人文式的个人体验与科学式的实证研究，就如此完美地集中于一叶叶岩茶上。

一般的武夷岩茶可出汤七、八道（包括头道茶）。以八道论，就泡茶的"技"与"道"而言，其中的前三道为"冲茶"，意在以水的冲力让茶更迅速和广泛地释放内在的色香味元素，让饮者得以认知本泡茶，并在认知中加以体会和品味；后五道为"浸茶"，意在以水的张力让茶更全面和深入地释放内在的各种元素，让饮者得以进一步了解此泡茶，并在了解中加以鉴定和欣赏。对于可出汤七、八次以上的高品质岩茶而言，主要是通过增加浸泡次数，延长浸泡时间，直到煮泡来增添出汤次数的。那些顶级的武夷岩茶出汤十几道后还能煮泡二、三次，煮出的茶汤虽岩韵已薄淡，但会新生长出一种竹箬或竹叶或棕叶等的清香，汤味也转为甘蔗或其他植物性的清甜。这就是民间所说的"好茶不怕煮"。以下按出汤次序，对"冲茶"和"浸茶"作进一步解释。

冲茶·沿边缓冲

沿盖杯杯壁，以适当的高度，将沸水缓慢注入，以水的冲力，使处于盖杯边缘和中间的茶叶条索随水流进行交换，让茶叶在横平面进一步得以润泽。水至七、八分满时停止注水，盖上杯盖，出汤，请饮者第一次观、闻、品。出汤时，由于岩茶品种和制作工艺等的不同，汤面或多或少会有一些以皂素为主要成分的泡沫。皂素是岩茶内在物质中有益人体健康的一种元素，也是岩茶对人体健康性的一个组成部分。因此，不必撇除。当然，如这一茶沫中茶屑较多，为了茶汤的清爽与干净，就不得不忍痛割爱，加以撇清了。

冲茶·中心直冲

在适当的高度，对着盖杯中心的茶叶条索直接注入沸水，以较大的冲力，使处于盖杯上层和下层的茶叶条索随水流进行交换，让茶叶在立体面进一步得以润泽。水至七、八分满时停止注水，盖上杯盖，三秒钟后出汤，请饮者第二次观、闻、品。

冲茶·中间带直冲

在适当的高度，在盖杯边缘与中心的中间带团圈直接注入沸水，使处于边缘与中心、上层与下层的茶叶（条索与已展开的叶片）随水流全方位地进行交换，促进所有的茶叶条索展开和条索全部展开成叶片，让武夷岩茶中易挥发物质的释放达到全面。水至七、八分时停止注水，盖上杯盖，五秒钟后出汤，请饮者第三次观、闻、品，并请饮者说茶——谈自己的感受与体会。武夷岩茶的品评强调的是茶过三道水后才言说。一方面，武夷岩茶在第三道水后内在物质元素才能全面释放，另一方面，武夷岩茶的品评更注重饮者对所饮之茶的认知、感受、体会及其过程。所以，在饮武夷岩茶的对头两道茶的品饮，常饮者大多不会多加言说，以观、闻、品为主，饮过第三道茶后，他们才会言说或评论。

茶生活

浸茶·快浸

沿盖杯杯壁缓缓注入沸水，以水的张力，使处于边缘的茶叶叶片得以更多的浸泡，更深入地释放内在物质。水至六、七分满时停止注水，盖上杯盖，八秒钟后出汤，请饮者边观、闻、品边与前三道茶及其他茶品进行比较，对本泡茶进行初步的鉴别与欣赏。一般而言，非正岩岩茶，尤其是外山茶，第四道茶汤与前三道茶汤之间会有很大落差，我将之称为"跳水"，而正岩岩茶的茶韵的持久、茶味的稳定，茶香的悠长，茶色的持稳也就在这比较中突显出来，成为饮者的欣赏点。

浸茶·缓浸

以适当的高度，在盖杯的茶中心处缓慢注入沸水，使处于中心的茶叶叶片得以更多的浸泡，更深入地释放内在物质。水至六、七分满时停止注水，盖上杯盖，十二秒钟后出汤，请饮者观、闻、品后，根据自己对该泡茶及该道茶汤传递的信息（即茶说）的认知、感知和体会，通过比较，对该泡茶的个性及特征进行探讨和欣赏（即说茶）。由于茶内在物质不断持续的释放，有经验的饮者通过品味和鉴别，也能从这道茶汤中辨识该泡茶是单茶品，还是拼配茶品，以及拼配的具体茶品名称；乃至这泡茶制作工艺、制作时的气候、茶青产区等。

浸茶·慢浸

以适当的高度，在盖杯的边缘和中心的中间带慢慢注入沸水，使处于中间的茶叶叶片得以更多的浸泡，并更深入地释放内在物质。水至五、六分满时停止注水，盖上杯盖，十八秒钟后出汤，请饮者在观、闻、品后，进一步根据茶说来说茶。

浸茶·强浸

以适当的高度，顺着盖杯中的茶边缘至茶中间再至茶中心，再由茶中心至茶中间再至茶边缘的次序极缓慢地团圈注入沸水，使杯中所有的茶叶叶片都得到充分的浸泡，全面释放内在物质。水至五、六分满时停止注水，盖上杯盖。二十五秒钟后出汤，请饮者做最后的观、闻、品。此时除被焙得失去活性而僵硬的茶叶或因盖杯过小被禁锢了的茶叶外，杯中所有的茶叶基本上都得以完全展开，内在物质基本上都得以释放，饮者的品尝告一段落。由此，可以更准确地进行鉴别、评说和欣赏。

品茶结束后，从更好地认茶、识茶、知茶、品茶、悟茶出发，可以有一道"证茶"的程序。即通过考察、求证茶底——泡过的茶叶，对相关的认知、感受、体会、感悟等进行论证。这一论证又往往包括了两个层面，一是证实——证明相关认知、感受、体会、感悟的真实性：真实的存在和存在的真实；另一是证伪——证明相关认知、感受、体会、感悟的虚假性：虚假的存在和存在的虚假。而无论是证实还是证伪，都能让饮者长知识、增见识、添经验，也是一个很有趣和很有益的过程。

具体而言，证茶的程序如下。

茶生活

长坐杯

将盖杯中泡过的茶再注入八、九分满的沸水，盖上杯盖，三—五分钟后出汤，饮之，然后讨论该泡茶的品种、产地、工艺及特征等，并加以证明。因浸泡时间越长，越能让茶叶深层的内在物质（包括原生态的内在物质和工艺形成的内在物质）充分释放，所以，这长坐杯，也是最能考验一泡茶品质的"恶招"，故岩茶界称之为"恶泡"。一般而言，恶泡后的岩茶茶汤高低良莠立见，泾渭分明。

看茶底

将泡过的茶叶叶片置于茶盘中，观察它的叶片特征、茶品构成、相关工艺等，求证由此形成的该泡茶的个性与特征，以及带给饮者的感受。证茶过程是一个饮者更认真地、更全面深入地倾听茶叶自己说，而非制茶人乃至茶商说的过程，而也只有不断通过这一听茶自己说的过程，我们才能逐步逐步地真正认识茶、知晓茶、懂得茶，才能开始说茶，直至悟茶。

再次说明，以上说的用盖杯泡武夷岩茶的技与道，用茶壶泡亦可如此。只是为行文方便，才以盖杯通称之。

基于社会学学者的研究惯性，考虑到内容的易读性和易操作性，将上述泡岩茶的技与道作表如下。

次序	程序名称	出汤排序	技（技巧与方法）	道（意义与道理）
1	探茶		用眼观、鼻嗅探察该泡茶的相关信息	初步认知该泡茶的个性和特征，与之建立初步交流关系
2	醒茶		将茶则中的茶倒入已预热的盖杯中加以摇晃	使茶中元素分子充分活跃，得以在沸水中释放；听茶音、闻茶香，观茶色，进一步了解该泡茶的个性和特征；学习倾听，学习辨识和了解，学习或/和达到静心净思
3	润茶	1	沿盖杯边内壁团圈缓慢注入沸水，至九分满，盖上杯盖，三秒钟后出汤。茶沫中如有茶屑，可撇去茶屑后，保留茶汤	浸润干茶条索；倾听干茶的水中之音；从茶汤的色、香、味中认知该泡茶。该道茶汤出汤后即喝，名为"相见欢"，存之后喝，名为"再回首"
4	冲茶	2	沿杯边缓冲：在适当的高度，沿盖杯内壁注入沸水，使边缘与中心的茶随水流交换，水至七、八分满时停止注水，盖上杯盖，三秒钟后出汤	以水的冲力促使茶条索展开，激发茶叶表层的易挥发物，使之得以最佳挥发；催发茶叶深层的不易挥发元素，使之开始活跃，最终使本泡茶的色、香、味达到最佳，让饮者能更好地品味和体会到本泡茶的茶韵和茶意
5		3	中心直冲：在适当的高度，对茶中心注入沸水，使干茶条索随水流上下交换，水至七、八分满时停止注水，盖上杯盖，五秒钟后出汤	
6		4	中间直冲：在适当的高度。在杯边缘和中心的中间处团圈注入沸水，使茶叶全方位随水流交换。水至七、八分满时停止注水，盖上杯盖，八秒钟后出汤	

次序	程序 名称	出汤 排序	技（技巧与方法）	道（意义与道理）
7		5	快浸。在适当的高度，沿盖杯边内壁缓缓注入沸水，待水至六、七分满停止注水。盖上杯盖，八秒钟后出汤	
8		6	缓浸：在适当的高度，对着茶中心缓慢注入沸水，待水至六、七分满停止注水，盖上杯盖，十二秒钟后出汤	以水的张力使茶叶全方位、全面深入地释放深层元素，让本泡茶的内在物质得以充分发挥，使茶汤更具个性特征，饮者能更好地进行品鉴和欣赏
9	浸茶	7	慢浸。在适当的高度，对着茶边缘和中心之间的中间处缓慢注入沸水，待水至六、七分满停止注水。盖上杯盖，十八秒钟后出汤	
10		8	强浸：在适当的高度，按边缘—中间—中心团圈两次缓慢注入沸水，水至五、六分满停止注水。盖上杯盖，二十五秒钟后出汤	
11	证茶	9	长坐杯：将杯中的茶底再注入沸水，至七、八分满时停止注水。盖上杯盖，三—五分钟后出汤	通过对茶底（残茶）的茶汤和叶片的观察、讨论和论证，对该泡茶的品种、工艺、产地以及个性和特征等进行证实或证伪，以更多地增长相关见识、知识和经验，更准确和客观地识茶、知茶、懂茶，更深入和深刻地说茶、思茶和悟茶
12			看茶底。将泡过的残茶倒入茶盘中观察	

　　需说明的是，此文中的"技"与"道"是我个人的心得体会，而除"醒茶"外，其他的命名也是我个人所思的结果，并非来自武夷岩茶界的命名。在此献丑，期待各位茶友的指正。

在武夷岩茶制作工艺传承人处喝岩茶

2012 年元旦，我去武夷山喝岩茶。由友人带领，有幸到了几位国家级非遗项目之武夷岩茶制作工艺传承人那里，喝到了他们制作乃至亲手冲泡的岩茶，深感人生之大幸！

目前武夷岩茶制作工艺非遗项目之国家级传承人共两位：陈德华和叶启桐。我们第一天去的是陈德华先生的大师工作室。这一大师工作室的客厅是茶室式客厅，有着文人的优雅，墙上博古架中陈列着陈先生的公司制作的各种岩茶，秀丽的泡茶小妹坐在茶海前给我们泡茶，请我们品饮陈先生亲手制作的多款岩茶。这些茶中，我印象最深的是一款香如铁观音，但茶汤比铁观音淳厚的岩茶。陈先生说，这是他以中轻火焙火方法创制的品种大红袍（即大红袍品种单品种茶），目的是将大红袍这一岩茶品种的茶香充分地显现出来，但这款茶还在完善中，尚未取名。他还对相关制作技艺、手法等进行了讲解。我们进一步请教并一起讨论了岩茶的岩骨与花香之间的

茶 生活

关系，以及对岩茶特征的界定，有一种学术探究的感觉。而在工作室外的茶园里，我们看到了一些嫁接、扦插、种植的岩茶品种，陈先生说，这是他正在培育的新品种。在陈先生处喝茶，感受最深的研讨性，他的茶也有一种科学探讨的含义。这是一位致力品种钻研的制茶人，所以，我类型化地将他称之为：岩茶研究者。

第二天，我们去了叶启桐先生处。据说，在武夷岩茶制作工艺非遗传承人中，叶先生是唯一没有自己公司或工厂者，我们到了叶先生弟子季素英女士的茶厂中，在她工厂车间会议室般的茶室里，我们喝到了由叶先生指导、监制并亲手冲泡的矮脚乌龙岩茶。矮脚乌龙岩茶是季素英为董事长的其云茶业生产的一款拳头产品，与建阳、建瓯一带出产的茶地矮脚乌龙和其他厂家的矮脚乌龙岩茶不同，这款矮脚乌龙岩茶花香浓郁且稳重不轻飘，茶汤醇厚而润滑，回甘迅速，作为一款小品种岩茶，别有茶韵。武夷山制茶人常说的一句话是：自己做的茶，自己最知它的茶性，所以，最好是自己泡，才能充分展现茶的特色。喝着叶先生亲自制作的、亲手泡的矮脚乌龙岩茶，我迅速地认知了这一茶品种的基本特征，可见引路人之重要！

知晓了我们想体验一下武夷岩茶的制作后，叶先生马上撸起衣袖，带着我们一道工序、一道工序地制做，一边亲自动手示范，指导我们如何以腰带动手臂摇青，如何在炒青中用力，但不被火热的铁锅烫伤手掌，如何用巧劲揉青，如何用炭灰盖住炭火焙茶，看着他娴熟的手法，准确地讲解示范，灵巧的动作，我不由地赞叹：一流老师傅！由此也确信，他做的茶一定是色、香、味俱佳的好茶。

这是一位讲究做工技法的制茶人，通身洋溢着精工细作、精益求精的工匠精神，所以，我类型化地将他称之为：制茶老师傅。

国家级非物质文化遗产项目之武夷岩茶制作工艺武夷山市市级传承人目前共有两批十六人。其中，第一批（10人）为：王顺明、刘宝顺、刘峰、王国兴、吴宗燕、游玉琼、刘国英、黄圣亮、陈孝文、苏炳溪；第二批（共6人）为：刘安兴，苏德发、周启富、占仕权、刘德喜、张回春（以上第一批和第二批排名`均不分先后）。第二批市级传承人是2015年产生的，所以，2012年元旦我第一次专程去武夷山喝岩茶时，友人带我们去的都是第一批市级传承人处。

记得到刘宝顺先生家喝茶时是晚上。刘先生家大大的客厅中一半放着锄头、竹篓、竹簟、斗笠之类的农具，一半放着木制的旧式传统圈椅和茶几。走上跃层，是一张中国式的长条茶桌和茶椅，墙上挂着水墨国画和书法条幅，十分传统。坐下后，刘先生拿出两泡自产的肉桂，说明一泡是普通的，一泡是高档的，然后动手开泡。刘宝顺先生的肉桂汤色是温暖的棕黄色；汤香是肉桂典型的锐香（桂皮香）后转兰花香再转牛奶香，且始终带有一些木炭的炭香味；汤味醇厚，骨感强烈，满口回甘，茶韵稳重而悠长。两泡茶饮毕，在没有热空调的寒冬夜晚武夷山的阴冷中，浑身热气升腾，鼻翼微汗渗出。于是，惬意的我们还想品尝刘先生的其他品种岩茶，但刘先生抱歉然而十分明确地说：我只有这款肉桂，没有其他品种。友人赶紧证明说，刘先生确实只生产肉桂岩茶，而他的肉桂岩茶坚持以传统工艺制作，强调炭焙慢炖，所以，每年的产品基本都被日本茶商批量买走。很佩服刘生对传统工艺的坚守，也很感叹在刘先生身上感受到的在今天商业化的浪潮中已日见稀缺的淳朴、实在、厚道的中国传统农民精神。望着他，我脑中类型化地浮现出两个字：茶农。

告别了刘宝顺先生，友人带我们去的下一家是刘国英先生的茶厂。进入茶厂的茶室，可见墙上挂着的介绍刘先生的企业成长、发展和成就的展图和照片，使人马上对企业及其产品有所了解。在茶椅上坐定后，刘先生亲自泡了一泡茶，待大家饮毕，问大家的感受。听到众人对该茶的评价均不高，刘先生便转身进了右后方的一个小房间，拿出了三泡茶：识我、知我、珍我。这三泡茶是刘先生制作的系列茶，茶青为肉桂，高焙火，当年茶（上一年五月份生产，存储期不到一年的茶）；"知我""识我"的汤色为浅深不一的黄棕色，"珍我"的汤色近褐黄色；炭香味浑厚，茶气足，但略带火气，饮后口中有燥感。等大家如此评论毕，刘先生又转身入室拿出一泡茶，回到茶桌笑着对众人说：看来，今晚来的真的是会喝岩茶的客人！会喝岩茶的客人，请你们喝一款好茶。这款茶给我的感受是与刚才喝过的"珍我"比较相像，但茶汤更醇，茶的骨鲠感更强，茶香也更悠长。拿过茶袋细看，亦是"珍我"，与前一包装袋似乎并无二异。见我们认真观察，刘先生笑而坦言，在识我、知我、珍我这一系列茶中，"珍我"有三款：非签名版、印刷签名版、手工签名版茶，而我们最后喝的那泡就是刘先生在茶盒上亲手签名的手工签名版茶，也是这一系列中最高档的一款茶。最后一泡茶与先前喝的印刷签名版茶当然有诸多的不同，而这一不同也只有会喝岩茶者和认真品茶者才能觉察和感受到。由此，先前那泡印刷签名版也就成为一块"试金石"，会品和爱品岩茶的，刘先生拿出该系列的顶级茶继续请饮者品赏；不会品和不爱品岩茶的，不必以顶级茶待之。就如刘先生坦白告之的：不会喝和不爱喝岩茶的，给他喝好岩茶是一种浪费，事实上，武夷山许多茶农、制茶者、茶商也都持这一观点，我们也十分赞成这一观点。就如文物，识之者谓之珍宝，不识之者谓之废物，故而明珠当投识珠人。见我们谈茶到位，刘先生开怀大笑之余再次转身入内室；拿出了他的压箱之作：空谷幽兰。与前一系列茶不同，虽茶青也是肉桂，但"空谷幽兰"为肉桂轻焙火，故而汤色明黄，茶香为兰香飘逸，茶味较薄汤柔顺润滑，饮后回甘迅速。"空谷幽兰"是刘先生的创新之作，改变了传统肉桂岩茶茶品的样貌和特征，近年来更是名声大作。刘国英先生有着与市场经济相适应的商人的机智和聪慧，有着消费社会所必需的商业创新精神，我类型化地将他称之为"茶商"。

　　王顺明先生的茶室似乎是工厂车间内辟出一个空间后装修而成，虽已是夜晚，制茶机器的轰鸣声、员工的谈话声、实习学生的欢笑声仍不绝于耳，如同在证明王先生的制茶人和传承人的身份。王先生的茶室门口的左手边是一个以太湖石为主体构建的湖石小园区，一人高的太湖石旁点缀着花花草草，显示着主人的文人之气；茶室靠墙的柜子里陈列着各种贴着标签的茶品标本，有一种科普陈列馆的感觉。王先生站在茶桌顶侧，边泡茶边讲解，声音洪亮，思维敏捷，讲述清晰，有一种教师的风范，让我这个初识岩茶者学到了许多有关岩茶的基本知识，了解到一些岩茶界的实际情况。比如，岩茶的特征为"蛤蟆背、蜻蜓头、绿叶红镶边之七分绿三分红"；"大红袍"茶品有商品品牌大红袍（所有用在武夷山特定区域生长的适宜的茶树青叶，以武夷岩茶特有的工艺制成的、具有岩骨花香特征的茶品），拼配大红袍（用不同品种的岩茶拼配制而成的茶品）、品种大红袍（用武夷岩茶中的大红袍品种茶树的青叶制成的单品种茶品），母树大红袍（以大红袍母树的青叶制成的茶品）之分别，等等。而对母树大红袍品种，又有奇丹和北斗之争；又如，岩茶的杯盖香是品种香，可辨别该款茶品茶青所属茶树的品种特征与品质优劣；茶汤香为工艺香，可辨别该款茶品制茶工艺特色与优劣，杯底香（又称挂杯香）是品质香，可辨别本款茶品茶树生长地，俗称山场的特色与优劣；再如，目前市场上的武夷岩茶大多是电焙的，完全用木炭焙的很少。而电焙的一个最大的弱点是很容易把茶焙得失去活性，难以完整显现武夷岩茶特有的色香味，以及每款茶不同、每泡茶不同、每道水不同的特色……在王先生处，我们也品到了四大名枞和雀舌、雪梨等小品种岩茶，以及王先生新研制尚未命名的一些茶品，让我初步知晓了这些岩茶茶品的特色。在王先生处喝茶最大的特点是所喝茶的品种特征十分明显，如同教科书一般，加上王先生授课般的讲解，真是获益匪浅。讲解后，王先生又带我们一道工序、一道工序地参观了岩茶机械化制作过程以及最后一道的炭焙工艺，望着车间墙上挂着的一些大学茶叶专业学生实习基地的铭牌，而这些大学中甚至包括了来自著名茶叶产地杭州的大学——浙江树人大学时，我心中类型化地将王顺明先生称为：茶教师。

在武夷岩茶制作非遗传承人中，黄圣亮先生的年纪比较小。而他之所以能以年轻人的肩膀担起传承人的重担，与他父亲黄贤义老人的全力指导、帮助与扶持，以及他的兄弟黄圣辉、黄圣强的通力支持与合作是密不可分的。黄老爹精心的技术指导与监督，甚至必要时自己亲自上阵；黄圣辉灵活地把握商机，转战商场；黄圣强认真负责地管理企业，正是这种家庭内以长者为核心的分工合作，使得黄圣亮能聚精会神地专攻武夷岩茶制作技艺，使生产的武夷岩茶的品质始终保持在一流水平。

在公司茶厂停车场下车，迎面见到的一排房屋是武夷岩茶传统制作工场，客人们可参观，也可亲自动手制作。有了在叶启桐先生处学习的经历，我们在黄老爹的讲解、指导和帮助下，取下铺着已萎凋的青叶的竹篩，学习摇青，然后在柴灶上的下面燃烧着松枝的大铁锅中学习用手炒青，再学习将炒制过的茶青放在搁在木桌上的竹篩里揉制——揉青，最后是学着将揉制过的茶叶放入焙笼，放到用炭灰覆盖着的炭火上烘焙。一个房间一道工序，一间间走，一道道做，一点点学，学习再学习，我们终于有了一些武夷岩茶制茶人的感觉，也进一步体悟到武夷岩茶制茶人的辛劳，以及每泡武夷岩茶的来之不易。

黄圣亮先生的茶室是楼房式的，下面是仓库，从玻璃窗户中可望见里面恒温恒湿条件下存放的一箱又一箱的岩茶。据陪同的黄圣辉先生介绍，这其中不少茶所存放年份已十几年，为高品质的陈茶。楼上的茶室有数间，雅致而大气，墙上挂着中国书法与中国画，文人式盆景小品点缀于墙上的博物格和茶桌上。靠墙还有一张古琴，喜乐者茶余拨抚一曲，当更增茶趣。这一间茶室如此具有儒雅的文化意境，因此，据说经常被人借用来招待贵客，包括外宾。负责对外接待的黄圣辉先生亲自给我们泡茶，冲泡手法与讲解中充满着黄家人对茶特有的敬意和虔诚。"北斗一号"水滑汤香味甘，岩韵明显，柔顺香甘的茶汤沿着有骨鲠感的食道静静地滑入腹中，有一种"禅房花木深"式的安详和"清泉石上流"式的软硬滑滞多维质感；"素心兰"是他家的拳头产品之一，馥郁的素心兰雅香与柔绵的汤水，包裹着强烈的茶气，茶汤入腹，茶气冲顶，带有令人惊醒的冲击感，这是这款茶最大的与众不同之处；百瑞香也是小品种茶，饮之如入暮春之百花园，各种花朵尽力绽放着自己最后的美丽，散发着自己最后的芬芳，然毕竟已是暮春，难免落红无数，好在落红不是无情物，化作春泥更护花。包括人类在内，大自然就是如此，一年又一年地延续，一代又一代地传承。以黄家人对茶的敬意与虔诚，加上黄圣亮和黄圣辉都是武夷山天心禅寺的居士，我类型化将他们称之为"茶僧"。

那年武夷山岩茶之行仅两天，登门入室，喝了6家非遗传承人的茶。跟随在一日三餐之后的是一日三茶：上午茶、下午茶、晚间茶，每日不喝到子夜不归住宿处。高手大师指导下的"恶补"，让我对武夷岩茶的认知起点较高而准确，只是从此对岩茶的茶感也敏

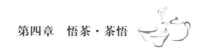

揉压；然后，或被放入竹篓，经木炭炭火炭焙，或被放置入竹簟，经电热电焙。焙火完成后为毛茶，即半成品茶，挑筛去黄片（武夷山制茶人对黄叶的俗称）、茶梗等后封存，半年后，取出再次焙火，方为成品茶。将成品茶放入盖杯，注入沸水，茶香弥漫，茶汤润喉，岩骨花香，意趣盎然。品尝后倒出茶底，凡经好的工艺制作的岩茶，尤其是经传统手工工艺制作的正岩岩茶，干茶条索还原成叶片，叶片柔软舒展，叶脉清晰。而这样的好茶必然会令人常思之，念念不忘。由此，我将武夷岩茶的一生总结为如下四句话：

> 长在山中，
> 眠在火中，
> 醒在水中，
> 活在心中。

茶生活

　　武夷岩茶有着独特的生长环境和生长过程。就正岩岩茶而言，一是它生长的土壤为火山岩风化石，微量元素丰富，为茶圣陆羽在《茶经》一书中所说的：烂石出好茶的"烂石"，从而形成武夷岩茶特有的"岩骨"之特质；二是它与其他植物共处一地，相杂而生，当地茶农称之为"戴帽穿鞋缠腰带"，即上有乔木盖顶，下有花草丛生，中间有灌木交杂，不同植物品种之间相互影响，为武夷岩茶独特的茶性和茶韵，以及茶性和茶韵的多样性的形成创造了有利的生态条件——武夷岩茶特有的茶香以及与不同植物共生形成的这一茶香的差异性；三是火山岩特有的峰谷相连、坑洞绵延的地貌使得 72 平方公里的武夷正岩茶产区（也是武夷山核心风景区）素有"三十六峰、七十二洞，九十九岩"之称，其中"三坑两涧"之牛栏杭、慧苑坑、倒水坑、流香涧、悟源涧为传统岩茶佳品产地。不

同的峰谷坑涧有着不同的地理——小环境气候，由此为武夷岩茶独特的多样性创造了有利的地理—气候条件——在不同小环境中生产的岩茶，具有包括色、香、味、气在内不同茶性和茶韵；四是所处的纬度和火山岩地貌使得武夷山虽不高但经常云雾缭绕，而特有的纬度和多样性的植被覆盖又使得穿透云雾的阳光具有独特的光波，形成被称为蓝紫光的光照。在蓝紫光的常年照耀下，武夷岩茶具有了非云雾茶及其他云雾茶所难以具有的包括色、香、味在内的独特的茶性和茶韵；五是由于杂树丛生、诸茶共生，在蜜蜂、蝴蝶等昆虫的花粉传播中，武夷岩茶小品种十分丰富，并层出不穷，形成了武夷岩茶特有的品种多样性。而不同品种的岩茶经武夷山制茶人特有的工艺制作及拼配，又进一步形成了武夷岩茶茶品特有的丰富性、差异性和多样性。

茶生活

正是上述武夷岩茶生长环境和生长过程的独特性，构建了武夷岩茶的珍稀性的一大基础。

中国传统文化中有阴阳五行学说。该学说将大自然分为阴阳五行——金、木、水、火、土五行相生相克，相互关联，五行平衡构成大自然的和谐。金木水火土这五行的相生相克为：金生水、水生木、木生火、火生土、土生金；金克木、木克土、土克水、水克火、火克金。武夷岩茶茶树为植物、属木；在土中生长；在金属器（铁器）中经过火的加工而成茶品，经水的冲泡成茶饮，所以，武夷岩茶的一生是金木水火土五行相生相克达到阴阳平衡的一生，武夷岩茶茶饮是武夷岩茶一生五行相生相克达到阴阳平衡和谐之结果。故而，武夷岩茶对人的身体健康和心理健康及身心之间的平衡——身体内的五行阴阳平衡、心理的五行阴阳平衡及身心之间的和谐有着极大的助力。

武夷岩茶以独特的出身，在独特的自然地理环境之中，通过自己独特的五行相生相克经历，达致自己一生的平衡与和谐，并以自己特有的五行阴阳平衡与和谐，致力于人的一生平衡与和谐。以茶之力，达茶之谐；以茶之谐，助人之安。我想，这就是武夷岩茶之茶德，也是武夷岩茶能活在人们心中的最主要缘由吧！

喝茶七境界

闲坐喝茶，听到"境界"一词，忽然想到喝茶也有境界，于是静思，总结出以下喝茶七境界。抛砖以引玉，供诸方家评说指正。

茶生活

第一境界：我是我，茶非茶（无茶，不知茶滋味）。

第二境界：我是我，茶是茶（识茶，知晓茶）。

第三境界：我非我，茶是茶（知茶，懂得茶知识）。

第四境界：我非我，茶非茶（思茶，由茶思考人生、社会及世间万物）。

第五境界：茶是我，我是茶（入茶，向茶学习如何生活）。

第六境界：茶非我，我非茶（融茶，茶与人成为一体）。

第七境界：我无我，茶无茶（茶禅，人以茶为径进入空灵与明澈）。

在第七境界，是佛教禅宗六世祖所云："菩提本无树，明镜亦无台，世上无一物，何处惹尘埃"的境界，菩提本无物，明镜本无物，茶叶本无物，我亦本无物。如此的空灵明澈，当是一个极清静安宁的境地。

茶：生活文化化，文化生活化

　　在中国民谚中，茶有两种：一为"柴米油盐酱醋茶"，一为"棋琴书画诗酒茶"。其中，前者为日常生活："开门七件事，柴米油盐酱醋茶"。"开门"即是一天生活的开始，这就是说，生活必有茶，无茶不生活；后者为闲情雅趣："闲来有雅兴，棋琴书画诗酒茶"。"闲情雅趣"在今天属于文化范畴，这就是说，文化必有茶，无茶不文化。而无论是生活必有茶，无茶不生活；还是文化必有茶，无茶不文化，均表明茶是不可或缺的必需品。

　　"不可或缺"，使得茶不仅活跃于物质世界，而且活跃于精神世界。也在物质世界和精神世界之间穿行，将这两个世界联结在一起，并打通了这两个"世界"各自的"疆界"，使之融合成一体。于是，在以茶为生活必需品和文化必需品的中国社会，生活是文化化的生活，文化是生活化的文化：以茶为载体，从茶出发，生活文化化、文化生活化是中国人日常生活的一种常态。

茶生活

也就是说，在文化化的生活和生活化的文化中，茶生活无疑是常态中的常态，必需中的必需。由此，作为中国人，茶在我们的生活中，我们生活在茶中。

茶偈（一）

一

茶意如镜，
茶韵如境，
观镜入境，
茶人一体。

二

茶意如镜，
茶韵如境，
观镜入境，
茶人一体。

茶偈（二）

一	二
茶为珍物，	茶为珍物，
非是贵物，	非是贵物，
入喉入心，	入喉入心，
方为天物。	方知天物。

茶偈（三）

一	二	三
我本只是我，	我本只是我，	我本只是我，
茶本只是茶，	茶本只是茶，	茶本只是茶，
只为因缘故，	只为因缘故，	只为因缘故，
茶我两相逢。	茶我两相识。	茶我两相知。

茶生活

四

我本只是我，
茶本只是茶，
只为因缘故，
茶我两相宜。

五

我本只是我，
茶本只是茶，
只为因缘故，
茶我两相溶。

茶偈（四）

一

我本不是我，
茶本不是茶，
只为因缘故，
相逢有茶我。

二

我本不是我，
茶本不是茶，
只为因缘故，
相逢识茶我。

三

我本不是我，
茶本不是茶，
只为因缘故，
相逢知茶我。

茶偈（五）

一

我本没有我，
茶本没有茶，
只为因缘故，
相逢有茶我。

二

我本没有我，
茶本没有茶，
只为因缘故，
相逢成茶我。

三

我本没有我，
茶本没有茶，
只为因缘故，
空灵复空灵。

中国社会学会生活方式研究专业委员会茶生活论坛简介

茶生活论坛正式成立于 2016 年，由茶研究者、茶制作经营者和茶爱好者组成，为非营利性民间组织。

茶是中国的国饮，品茗是中国优秀的传统文化和文化传统的重要内容之一，也是健康人生的一大组成部分和践行路径。而世界卫生组织（WHO）也早已提出，人的健康包括身体、心理、与社会的适应性这三个方面。从社会发展趋势和民众需求出发，"茶生活论坛"以推进中国优秀传统文化和文化传统的传承和发扬，促进全社会健康生活方式的建树为己任，力图在个人—家庭—社会三大层面、身体—心理—与社会的适应性三大维度，全面改善人们的健康状况，提升人们的健康水平。

"茶生活论坛"的宗旨是：以"茶生活"为核心，建树和推广良好的生活方式，从个人—家庭—社会三大层面、身—心—社会的

茶生活

适应三大维度全面改善和促进人的健康。

"茶生活论坛"的活动内容包括：

(1) 学术研究，如茶生活研究、茶与社会发展研究、茶与生活方式研究、茶生活史研究等。

(2) 运用媒体，尤其是新媒体，如微信公众号等，进行交流和分享。

(3) 茶事活动，如茶品鉴会、茶生活讲座、茶友会、茶生活艺术展示等等；而所有的活动都是非营利性的，强调社会效益的重要性。

茶生活论坛已开设微信公众号：茶生活论坛。

后 记

　　我是在 2012 年开始认知武夷岩茶的。由于武夷岩茶的多样性和丰富性，出于一种科研工作者的工作惯性，为更准确地认识岩茶，更明确地比较鉴别岩茶，从 2012—2016 年，我对喝过的每一泡茶的体会进行口述，并加以录音。从 2017 年开始，我对喝到的新茶品的茶底和茶品包装进行塑封，作成茶标，以方便记忆和回忆。

　　在 2015 年，我遇到了清华大学出版社的温洁编辑，出于对武夷岩茶的共同爱好，我们交谈甚欢。在交谈中，我谈到了正在组织筹办的中国社会学会生活方式研究专业委员会茶生活论坛，谈到了对武夷岩茶的感受，并以那些录音加以佐证。温编辑对此很感兴趣，并以专业的眼光看到了在铺天盖地的茶文化的热闹中，倡导返璞归真的、作为日常生活内容和健康生活方式的茶生活的重要性和必要性，于是，她提议我将录音整理出版。我对茶并无专门研究，相关的体验和感受，只是个人的和私人的体验和感受，相关的认知和经验更是粗陋。然在温编辑的再三鼓励下，考虑到推进作为一种良好

茶生活

生活方式的茶生活的重要性和必要性，我答应了温编辑的提议，开始整理相关录音。

边品茶边整理录音，随着对武夷岩茶感受的不断扩展和深化，我日益认识到原先对武夷岩茶认知的不足和浅薄。由此，与我原先写作学术专著的过程完全不同，该书的写作基本是一个一泡茶一篇茶感受的过程，是一个边品茶边写茶的过程。而既然是"茶生活"，这"茶"就不仅仅只是武夷岩茶。虽然武夷岩茶较之其他茶更具多样性和丰富性，本书难免有更多的篇幅论及，但其他茶品种和茶品也有各具独特的色、香、味，各有与众不同的茶意和茶韵，各领风骚，独树一帜的，我亦有所心得，也应加以体现。所以，我是边品着中国的六大类型茶（白茶、黄茶、绿茶、青茶（乌龙茶）、红茶、黑茶）及花茶、民俗茶和外国茶茶品，回忆着少数民族茶品边写作的，而写作的过程也是我对各种茶品种和茶品加深认知、扩展感受的过程。这是一个快乐写作、写作快乐的过程，一个身体和心理都沉浸在愉悦中的过程，感谢温编辑使我全面进入了茶生活！

本书的文字录入和初校由浙江省仙居县疾病预防与控制中心主任蔡红卫先生承担，感谢他的帮助与支持！蔡先生是我的一位茶友，对武夷岩茶颇有心得。更重要的是，他常以医学的专业精神，通过仪器测定内含重要元素，来鉴定所喝之茶的特质以及对人体健康的影响（包括正向影响和负向影响）。对武夷岩茶的心得用数据佐证加上医学专业背景，使得他在我们的"茶生活论坛"中成为茶与健康方面的权威人士。他的执行力和行动力也颇强。受茶生活论坛委

托，作为副坛主，他多次成功举办了茶生活论坛主题活动，受到广泛好评，在茶生活推广中功不可没。

本书的成稿也得感谢武夷山市、南平市、福州市、福建省有关领导和相关部门领导，以及相关制茶人的帮助和支持。正是在领导们的带领和介绍下，在制茶人的包容、认可和接纳中，我们才能喝到中国六大茶类中福建拥有的四大茶类中的诸多茶品——白茶（福鼎白茶，尤其是福鼎老白茶）；绿茶（尤溪绿茶）；青茶（闽南乌龙茶——铁观音、闽北乌龙茶——大红袍）；红茶（武夷山桐木关红茶，政和红茶、白琳红茶等）；喝到这么多类的茶，尤其是如此多样和丰富的武夷岩茶；喝到这么优质的茶，尤其是非遗传承人制作的武夷岩茶、具有"世界茉莉花茶发源地"地理标志的福州茉莉花茶和作为世界红茶发源地的桐木关的各类红茶茶品。

福建，尤其是武夷山，是一个茶生活的佳地佳境，有着过茶生活的良好条件，期待着再去武夷山过茶生活；期待着有更多的人去武夷山，过茶生活！

感谢云翔先生为本书提供的摄影图片。云翔先生喜欢品味武夷岩茶，也喜欢摄影，于是，欣然同意为本书提供相关的照片，为本书增色多多。

感谢浙江省社科院社会学所高雪玉副研究员承担了本书三校、四校修改稿的录入工作。多年来，高雪玉副研究员参加了我承担的各项课题/项目的工作，为课题/项目的顺利进行，发挥了重要作用，做出了重要贡献。感谢浙江省社科院姜佳将助理研究员对本书的二

茶生活

校。她的主要研究领域是性别／妇女、生活方式，作为年轻的科研人员，她在学术界已崭露头角，不少研究成果获得广泛好评。两位同事的帮助使本书加快了交稿速度，提高了校对质量。

在我的大学同学、绿城中国控股有限公司高管陈明女士的帮助下，本书已陆续在"茶生活论坛"微公众号平台上刊载。陈女士办事认真负责，专心细致，在她的帮助下，本书尚未出版，就常有人来询问购书事宜，微信公众号的传播速度和力度之大可见一斑！在此，也向陈明表示感谢！

鲁迅先生说："有好茶喝，会喝好茶，是一种清福"。有好茶喝、会喝好茶无疑是一种茶生活，由此可以理解为：鲁迅先生认为，有好茶喝、会喝好茶的茶生活是一种享受清福的生活。而我进一步认为，有好茶喝、会喝好茶不仅是一种清净、安逸、悠闲的清福，更是一种身体安康、心情安乐、家庭安好、社会安宁的幸福；有好茶喝、会喝好茶的茶生活，不仅是一种享受清福的生活，更是一种享受幸福的生活。所以，有好茶喝、会喝好茶，也是一种幸福——茶生活是一种幸福的生活。

茶在生活中，生活在茶中，让我们一起享受茶之乐趣，享受充满幸福的茶生活。